FORUM ETHIK 1

Rainer Paslack,
Kees Vromans,
Gamze Yücel Isildar (Hg.)

Umweltethik

Eine Einführung
für Studierende
und Lehrende

Martin Meidenbauer Verlagsbuchhandlung

Bibliografische Information der Deutschen Nationalbibliothek

Die Deutsche Nationalbibliothek verzeichnet diese Publikation in der Deutschen Nationalbibliografie; detaillierte bibliografische Daten sind im Internet über http://dnb.d-nb.de abrufbar.

© 2010 Martin Meidenbauer
Verlagsbuchhandlung, München

Umschlagabbildung: © Tobias Marx – fotolia.com

Alle Rechte vorbehalten. Dieses Werk einschließlich aller seiner Teile ist urheberrechtlich geschützt. Jede Verwertung außerhalb der Grenzen des Urhebergesetzes ohne schriftliche Zustimmung des Verlages ist unzulässig und strafbar. Das gilt insbesondere für Nachdruck, auch auszugsweise, Reproduktion, Vervielfältigung, Übersetzung, Mikroverfilmung sowie Digitalisierung oder Einspeicherung und Verarbeitung auf Tonträgern und in elektronischen Systemen aller Art.

Gedruckt auf
chlorfrei gebleichtem, säurefreiem und alterungsbeständigem Papier (ISO 9706)

m-press ist ein Imprint der
Martin Meidenbauer Verlagsbuchhandlung

ISBN 978-3-89975-730-9

Verlagsverzeichnis schickt gern:
Martin Meidenbauer Verlagsbuchhandlung
Schwanthalerstr. 81
D-80336 München
www.m-verlag.net

Liste der Autoren:

Rainer Paslack (Medizinische Hochschule Hannover, Deutschland)
Kees Vromans (Hogeschool Hasdenbosch, Niederlande)
Gamze Yücel Isildar (Gazi University, Türkei)
Jürgen Simon (Leuphana Universität Lüneburg, Deutschland)
Andrei Florin Danet (University of Bucharest, Rumänien)
Victor David (University of Bucharest, Rumänien)

Beratende Projektteilnehmer:

Altan DIZDAR (Erbil Project Consulting Engineering, Türkei)
Elmo DE ANGELIS (Training2000, Italien)
Kylene DE ANGELIS (Training2000, Italien)
Daniele NARDI (Training2000, Italien)
Rob de VRIND (King William I College, Niederlande),
Anouk van BUTSELAAR (King William I College, Niederlande)
Monika OLSSON (Industrial Ecology, Royal Institute of Technology, Schweden)
Karin Edvardsson BJÖRNBERG (Royal Institute of Technology, Schweden)
Damla BAYKAL (Ministerium für Umwelt und Forstwirtschaft, EPASA, Türkei)
Basak TASELI (Ministerium für Umwelt und Forstwirtschaft, EPASA, Türkei)

Das Projekt wurde mit Mitteln der Europäischen Kommission unterstützt. Für den Inhalt der Publikation sind ausschließlich die Autoren verantwortlich.

Inhalt

Vorwort 11

1.	**Einführung in die Grundproblematik**	**21**
	(*Gamze Yücel Isildar*)	
1.1	Lektion 1: Die Komplexität von Umweltproblemen	21
1.2	Lektion 2: Das Problem der Schadstoffbelastung	28
1.2.1	Wasserverschmutzung	30
1.2.2	Luftverschmutzung	33
1.2.3	Bodenverschmutzung	39
1.3	Lektion 3: Der sozio-ökonomische Hintergrund und unsere Verantwortung gegenüber der Umwelt	41
1.3.1	Faktoren der Komplexität von Umweltfragen	42
1.3.2	Verantwortung für die Umwelt	44
1.4	Lektion 4: Zur Geschichte des Umweltschutzes	48
1.5	Zielsetzung und Vorgehensweise	58
	Literatur	59
2.	**Ethik: Die Suche nach Entscheidungskriterien**	**61**
	(*Kees Vromans*)	
2.1	Lektion 1: Unterwegs zu einer Arbeitsdefinition	61
2.1.1	Teleologische Theorien	66
2.1.2	Deontologische Theorien	68
2.1.3	Tugendethik	69
2.2	Lektion 2: Moralische Dilemmata	75
2.3	Lektion 3: Einführung in die Umweltethik	82
2.3.1	Definitionen	85
2.3.2	Umweltprobleme	88
2.3.3	Moralische Fürsorge für die Natur	92
2.3.4	Der anthropozentrische Ansatz	93
2.3.5	Die nicht-anthropozentrische Sichtweise	94
	Literatur	95

3.	**Ziele und Struktur der Umweltethik**	97
	(*Rainer Paslack*)	
3.1	Lektion 1: Drei zentrale Aufgabenfelder der Umweltethik	97
3.1.1	Ressourcenethik	101
3.1.2	Tierethik	102
3.1.3	Naturethik	103
3.2	Lektion 2: Die drei Ebenen umweltethischer Reflexion	108
3.2.1	Philosophische Ebene	109
3.2.2	Politisch-rechtliche Ebene	110
3.2.3	Ebene des Umweltschutzes	112
	Literatur	118
4.	**Hauptansätze der Umweltethik**	119
	(*Kees Vromans & Rainer Paslack*)	
4.1	Einführung: Moralische Fürsorge gegenüber Natur und Umwelt	119
4.2	Lektion 1: Die anthropozentrische Sicht	120
4.2.1	Verschiedene anthropozentrische Positionen	120
4.2.2	Instrumenteller Wert der Natur	123
4.2.3	Ästhetische und andere Werte der Natur	126
4.3	Lektion 2: Die nicht-anthropozentrische Sicht	131
4.3.1	Die pathozentrische Theorie	137
4.3.2	Die biozentrische Theorie	138
4.3.3	Die ökozentrische Theorie	139
4.3.4	Die holistische Theorie	139
4.4	Lektion 3: Umweltethische Entscheidungsfindung	141
4.4.1	Mehr Wissen erlangen	142
4.4.2	Die Verwendung des Stufenplans	142
4.4.3	Grundlegende Einstellungen zur Umwelt und Natur	149
	Literatur	152

5.	**Die Notwendigkeit politisch-rechtlicher Regelungen**	**153**
	(Rainer Paslack & Jürgen W. Simon)	
5.1	Lektion 1: Einleitung: Warum wir eine politisch-rechtliche Regulierung brauchen	153
5.2	Lektion 2: Grundlagen für politische und rechtliche Maßnahmen	157
5.2.1	Vorsorgeprinzip	158
5.2.2	Das Verursacherprinzip (versus Community-Pays-Prinzip)	162
5.2.3	Das Prinzip der Nachhaltigkeit (nachhaltige Entwicklung)	163
5.2.4	Das Prinzip der Zusammenarbeit	166
5.3	Lektion 3: Regulierung des Umweltverhaltens	170
5.3.1	Instrumente der Umweltpolitik (Umweltplanung)	170
5.3.2	Instrumente zur Regulierung des ökologischen Verhaltens	172
5.4	Schlussfolgerungen	177
	Literatur	179
6.	**Maßnahmen des technischen Umweltschutzes**	**181**
	(Andrei Florin Danet & Victor David)	
6.1	Lektion 1: Umweltwissenschaften und Umweltethik	181
6.2	Lektion 2: Die Rolle der „Guten Labor-Praxis" (GLP): Technische Instrumente, Richtlinien und Standards	188
6.2.1	Die Bedeutung der Analyse	188
6.2.2	GLP und der analytische Prozess	189
6.2.3	Gesetzgebung	190
6.3	Lektion 3: Die Anwendung der GLP	193
6.3.1	GLP und Ethik	199
6.4	Lektion 4: Verschmutzungsmanagement	199
	Literatur	204
7.	**Zusammenfassung, Schlussfolgerungen und Ausblick**	**205**
	(Erstellt von Rainer Paslack)	
7.1	Zu Kapitel 1: Einführung in die Grundproblematik	205
7.1.1	Lektion 1: Die Komplexität von Umweltproblemen	205

7.1.2	Lektion 2: Das Problem der Umweltverschmutzung	206
7.1.3	Lektion 3: Der sozio-ökonomische Hintergrund und unsere Verantwortung gegenüber der Umwelt	206
7.1.4	Lektion 4: Geschichte des Umweltschutzes	207
7.2	Zu Kapitel 2: Ethik – Die Suche nach Entscheidungskriterien	208
7.2.1	Lektion 1: Unterwegs zu einer Arbeitsdefinition	208
7.2.2	Lektion 2: Moralische Dilemmata	209
7.2.3	Lektion 3: Einführung in die Umweltethik	209
7.3	Zu Kapitel 3: Ziele und Struktur der Umweltethik	210
7.3.1	Lektion 1: Die drei zentralen Aufgabenfelder der Umweltethik	210
7.3.2	Lektion 2: Die drei Ebenen umweltethischer Reflexion	212
7.4	Zu Kapitel 4: Hauptansätze der Umweltethik	213
7.4.1	Lektion 1: Die anthropozentrische Sicht	213
7.4.2	Lektion 2: Die nicht-anthropozentrische Sicht	215
7.4.3	Lektion 3: Umweltethische Entscheidungsfindung	216
7.5	Zu Kapitel 5: Die Notwendigkeit politisch-rechtlicher Regelungen	216
7.5.1	Lektion 1: Einleitung: Warum wir eine politisch-rechtliche Regulierung brauchen	217
7.5.2	Lektion 2: Grundlagen für politische und rechtliche Maßnahmen	217
7.5.3	Lektion 3: Regulierung des Umweltverhaltens	217
7.6	Zu Kapitel 6: Maßnahmen des technischen Umweltschutzes	219
7.6.1	Lektion 1: Umweltwissenschaften und Umweltethik	219
7.6.2	Lektion 2: Die Rolle der „Guten Labor-Praxis" (GLP)	220
7.6.3	Lektion 3: Die Anwendung der GLP	220
7.6.4	Lektion 4: Verschmutzungsmanagement	220
7.7	Allgemeine Zusammenfassung und Ausblick	221

Vorwort

Durch die Erfahrung der zerstörerischen Konsequenzen von Umweltproblemen, wie etwa die globale Erwärmung, werden sich die Menschen der Wichtigkeit der Natur und ihrer Verantwortung für den Schutz der Umwelt zunehmend bewusst. Aus dieser Sicht könnte man erwarten, dass sich ihre Einstellungen bezüglich der Umwelt verändern und in ein verändertes Verhalten zur Behebung der gegenwärtigen Umweltprobleme münden. Jedoch sind wir nach wie vor mit denselben Problemen konfrontiert. Dieses Dilemma erfordert eine Diskussion über die Notwendigkeit einer Veränderung von Verhaltensweisen und von entsprechenden Werten, die von den Individuen verinnerlicht und als Basis für ein verändertes Verhalten angenommen werden. Um dies zu erreichen, bedarf es insbesondere einer Umweltethik, um Umweltexperten bzw. Entscheidungsträger dazu zu befähigen, fundierte Einschätzungen und Entscheidungen treffen zu können. Das vorliegende Buch, das als eine leicht fassliche Einführung in die Umweltethik gedacht ist, soll zur Erreichung dieses Zieles beitragen. Es ist das zentrale Ergebnis eines zweijährigen internationalen Projekts („Enviromental Ethics-Project"), das im Zeitraum vom November 2008 bis Oktober 2010 aus Mitteln der EU gefördert wurde.

Der wichtigste Effekt des Projekts soll in der Etablierung eines Konzepts zur Vermittlung umweltethischen Wissens und Denkens bestehen, das als Grundlage für die Einführung und Anwendung effizienter Umweltprogramme und Maßnahmen im Umweltschutz (vor allem zur Kontrolle der Umweltverschmutzung) dienen soll. Die leitende Intention ist, eine Integration der Umweltethik in die Praxis der Bekämpfung der Umweltverschmutzung vorzubereiten, um das Umweltbewusstsein von Entscheidungsträgern und Experten in Umweltfragen zu erhöhen. Dies soll für die Mitglieder der Zielgruppen des Projekts eine Brücke zwischen „Umweltwissen" und „umweltgerechtem Verhalten" schlagen. – Das Projekt richtet sich an verschiedene Zielgruppen, wie insbesondere:

- Lehrer der beruflichen Weiterbildung
- Hochschulabsolventen („graduated" und „post graduated students")
- Schüler der beruflichen Weiterbildung
- Ingenieure und Techniker, die im Umweltbereich tätig sind
- Entscheidungsträger und Experten kommunaler Behörden sowie von Regierungsorganisationen

Dies soll auf dem Wege der Unterstützung und laufenden Verbesserung der wissenschaftlichen, technologischen, erzieherischen und ethischen Kompentenzen der genannten Zielgruppen im Umgang mit der Umwelt erreicht werden.

Zum Hintergrund: In den vergangenen Jahren ist das Interesse an den Verhaltenskomponenten von Umweltproblemen gestiegen, seitdem klar geworden ist, dass die menschlichen Aktionen das kritische Element in der Verschlechterung der Umwelt darstellen. In ihrem Klimawandel-Bericht haben die Vereinten Nationen erklärt, dass die globalen Umweltprobleme hauptsächlich anthropogenen Ursprungs sind. Unter den komplexen und empfindlichen Beziehungen, die die Umwelt betreffen, könnten ein ethisches Umweltbewusstsein sowie angemessene Lebensstile bei der Kontrolle der Umweltverschmutzung, bei der Abfallvermeidung, beim Management knapper natürlicher Ressourcen und bei der Aufhaltung eines weiteren Rückgangs der Artenvielfalt – zusätzlich zu den bereits vorhandenen traditionellen Wegen des Wissenstransfers – dabei helfen, „Umweltschutz" und „Nachhaltigkeit" zu fördern.

Sinn und Zweck der Umweltethik ist es, Menschen dazu anzuleiten, fundierte Einschätzungen vornehmen und umweltgerechte Entscheidungen treffen sowie entsprechende Verhaltensweisen entwickeln zu können. Allerdings ist nicht zu erwarten, dass Individuen dies von sich aus zu bewerkstelligen vermögen. Wissen allein motiviert noch nicht notwendigerweise zu einem umweltgerechten Handeln; erst ein angemessenes Werte- bzw. Glaubenssystem ist der Schlüssel, um bestimmen zu können, ob in Bezug auf die Bewahrung der Umwelt eine

Handlung als positiv oder negativ zu bewerten ist. Das Annehmen neuer Verhaltensweisen kann durch viele Initiativen unterstützt werden, die auf unterschiedlichen Instrumenten basieren: z. B. Formen der Kommunikation, die sich mit Informationen, Erziehung und Unterricht beschäftigen. Die Wirksamkeit von umweltpolitischen Maßnahmen und Strategien zur Analyse und Verbreitung der geeignetsten Vorgehensweisen könnte etwa gesteigert werden durch den Einsatz innovativer Instrumente wie e-learning, interaktive Webseiten sowie CD-ROMs für Personen in Entscheidungspositionen, aber auch für Umweltexperten in öffentlichen Organisationen oder in kleinen und mittelständischen Unternehmen, Stadtverwaltungen, Forschungsinstituten und Universitäten; schließlich können diese Instrumente auch von Trainern und Erziehern im Bereich der Umwelthygiene genutzt werden, mit dem Ziel, mehr Umweltbewusstsein zu erzielen und die gewohnten Einstellungen gegenüber der Umwelt in den EU-Ländern zu verändern. Genau hierzu möchte das vorliegende Buch (und Projekt) beitragen.

Die Erkenntnis, Umweltwissen mit ethischen Werten in Übereinstimmung zu bringen und so erforderliche Verhaltensänderungen und die Internalisierung von umweltethischen Werten auf den Weg zu bringen, verdankt sich jüngsten Anstrengungen und Erfahrungen, die von dem 6. Umweltaktionsprogramm der Europäischen Gemeinschaft („Environment 2010: Our Future, our choice") gefördert wurden. Das Programm schlägt fünf Wege für eine strategische Aktion vor: Der wohl wichtigste besteht darin, dass Verhalten von Menschen dadurch zu ändern, dass man sie mit den Informationen versorgt, die sie benötigen, um umweltfreundliche Entscheidungen treffen zu können. Zu dem 6. Umweltaktionsprogramm gesellt sich das Abkommen von Arhus (das seit dem 30. Oktober 2001 in Kraft ist), das von der Annahme ausgeht, dass eine größere öffentliche Bewusstheit über und Beteiligung an Umweltbelangen den Umweltschutz verbessern wird. Ein weiteres Dokument aus der jüngsten Zeit, die „Annual Policy Strategy for 2008" (vom 21.02.2007), betont die novellierte „Lissabonner Strategie für Wachstum und Jobs" als ein herausragendes

Mittel, um die Umweltverantwortung innerhalb der Europäischen Union zu fördern.

Es besteht jedenfalls die Notwendigkeit, die öffentliche Sensibilität für Umweltprobleme zu erhöhen und den Sinn einer persönlichen Verantwortung für die Umwelt sowie die Motivation für umweltbewusste Verhaltensweisen nachdrücklich zu fördern. Deshalb will das ENV-Ethics-Projekt versuchen, die maßgeblichen Zielgruppen in dieser Hinsicht weiterzubilden: insbesondere bei Entscheidungsträgern und sonstigen Personen, die in umweltsensitiven Funktionen in Kommunen und öffentlichen bzw. Regierungsorganisationen tätig sind, soll über die Vermittlung ethischer Werte das Umweltbewusstsein gesteigert werden. Zusätzlich sollen durch das Einüben von technischem Know-how hinsichtlich der Möglichkeiten, Umweltbelastungen zu kontrollieren („pollution control"), die Grundprinzipien der „European Environmental Policy and Integrated Pollution Prevention and Control" (IPPC Directive 96/61/EC vom 24. September 1996) zum Tragen kommen.

Das Projekt, dem das vorliegende Buch seine Entstehung verdankt, verfolgt vor allem folgende Ziele und Aufgaben:

- Die Entwicklung von spezifischen Methoden der Berufsbildung (VET: „vocational training tools"), insbesondere für das innovative e-learning im Bereich der „Kontrolle von Umweltbelastungen" („environmental pollution control"), in Abstimmung mit umweltethischen Werten, die sich aus den Grundprinzipien des „European Environmental Policy", des „Sixth Environmental Action Plan" sowie der novellierten „Lisbon Strategy" herleiten lassen und die der Förderung der Umweltverantwortung innerhalb der Europäischen Union dienen. Es existiert offenbar ein Mangel an spezifischen Methoden der Berufsbildung im Bereich der Umweltethik für Zielgruppen wie Entscheidungsträger und andere umweltrelevante Experten. Darüber hinaus ist eine methodisch versierte Unterstützung erforderlich, um die Bevölkerung darüber zu informieren, wie ein umweltfreundliches Verhalten

möglich ist: sei es in geschriebener (rechtlich gesatzter) oder ungeschriebener Form.
- Erstellung eines Endprodukts in der Weise, dass die Kontrolle von Umweltbelastungen durch ein wachsendes Umweltbewusstsein und die Information zu spezifischen Umweltproblemen, Möglichkeiten der „best practise", neuen Technologien und gegenwärtigen EU-Regulationen in diesem Sektor unterstützt werden. „Gemischte" Lern-Methoden („blended learning" i. S. einer Kombination von „face-to-face"- und „e-larning") werden für jedermann hilfreich sein bei Lernprozessen, die dem Verständnis von Umweltschutz-Maßnahmen dienen; Trainings-Kurse sollen für ausgewählte Zielgruppen zumindest folgende wünschenswerte Ergebnisse zeitigen: eine erhöhte ethische Sensibilität für Umweltfragen in Verbindung mit vermehrter Umweltkenntnis, ein verbesserter Wissensstand bezüglich vorhandener Standards für die Durchführung von Umweltmaßnahmen, ein erhöhtes Urteilsvermögen im Falle von Umweltkontroversen und ein vermehrtes Umwelt-Engagement; insbesondere die Projekt-Homepage soll das Wissen und die Informationsbasis von Personen und Kommunen unterstützen.
- Bei einem erfolgreichen Abschluss der beruflichen Trainingskurse (VET-Kurse) soll die Vergabe von Zertifikaten hilfreich bei der beruflichen Karriere wirken.
- Im Fokus des Projekts steht schließlich auch die erfolgsbezogene Projekt-Bewertung innerhalb der Nutzergruppe.

Das Projekt (und damit auch das vorliegende Buch) beabsichtigt, die Wahrnehmung der Umwelt und die Einstellung zu ihr bei den ausgewählten Zielgruppen nachhaltig zu verändern. Die e-larning-Prozesse sollen möglichst einfach gestaltet sein und den Teilnehmern einen leichten Zugang zu den Inhalten der Umweltethik erlauben. Alle Produkte des Projekts (CD-Rom, Lehrbuch, Website und VET-Kurse) sollen die aktuellen rechtlichen Regulierungen berücksichtigen und den Anwendern (etwa politischen Entscheidungsträgern) brauchbare Leitfäden zur Verfügung stellen. Auf diese Weise vermag das Projekt optimal zur Vermittlung neuer umweltbezogener Kenntnisse, Technologien sowie Direktiven an ein breiteres Publikum beizutragen. Es ist nicht zu leugnen, dass eine große Nachfrage insbesondere im Hinblick auf solche VET-Methoden besteht, die eine Integration von technischem Wissen und Umweltethik zu leisten imstande sind. Dies gilt vor allem angesichts der Tatsache, dass gerade Entscheidungsträger und andere im Umweltbereich tätige Personen (z. B. Ingenieure) umweltethischen Fragen noch eine zu geringe Aufmerksamkeit widmen. Mit Hilfe unseres VET-Trainingssystems hoffen die Projektmitarbeiter, diesen Zustand verbessern zu können; die Kurse werden daher praktisch orientiert und auf konkrete Fälle in den verschiedenen Projektpartner-Ländern hin bezogen sein.

Es ist wichtig, dass etwa Entscheidungsträger mit den Fakten zur Ökologie und Umweltverschmutzung umfassend vertraut sind. Nur so kann es zu einem Paradigmawechsel in der Politik und im Umweltmanagement kommen, der die Inangriffnahme neuer Konzepte des Umweltschutzes ermöglicht. Hierzu dienen VET-Kurse für Personen, die für den Umweltbereich bedeutsame Entscheidungen zu treffen haben. Dabei kommt auch gerade ethischen Aspekten eine wichtige Rolle zu, die daher Bestandteil derartiger Kurse zu sein haben. Dies ist eine Voraussetzung dafür, dass die Kursteilnehmer lernen, wie ein effizientes Umwelt-Monitoring vollzogen und ethisch abgesichert werden kann.

Zwar belegen Studien aus den letzten Jahrzehnten, dass Maßnahmen (etwa zum Ressourcen-Recycling, zur Wasser- und Bodenkonservierung, zum Artenschutz in Naturparks usw.) schon vielfach erfolgreich gegriffen haben, gleichwohl harren noch zahlreiche Probleme ihrer Lösung. Daher sind weitere Datenerhebungen, neue Methodenentwicklungen und nicht zuletzt auch ethische Abwägungen zwischen konfligierenden Normvorstellungen und Interessen unerlässlich. Hierfür den Boden zu bereiten, darauf zielen auch die in dem Projekt entwickelten Ethikmodule und deren Implementierung in den Rahmen von VET-Trainingskursen ab, indem konkrete umweltethische Kontroversen explizit thematisiert werden. Die Diskussion von Fallbeispielen dient der Sensibilisierung der Kursteilnehmer für ethische Problemlagen und der Verbesserung ihrer Fähigkeiten, das Pro und Contra verschiedener umweltethischer Positionen argumentativ abzuwägen. Insbesondere die Wahl von Umweltproblemfällen aus verschiedenen Ländern der EU soll ein Verständnis für unterschiedliche Wahrnehmungs- und Behandlungsweisen dieser Problemfälle verschaffen; es soll deutlich werden, dass u. U. ganz ähnliche Probleme je nach der kulturellen Denktradition des jeweiligen Partnerlandes ganz unterschiedlich gesehen, gewichtet und praktisch angegangen werden (können). Durch diesen interkulturellen Abgleich soll der Horizont von Entscheidungsträgern (Politikern, Ingenieuren usw.) erweitert und ihr Urteilsvermögen geschärft werden.

Das in dem Projekt (und Buch) entwickelte neuartige Ethikmodul soll im Verein mit entsprechenden VET-Techniken einige bereits abgeschlossene Projekte auf eine ethische Basis stellen und insofern integrativ wirken: dies gilt insbesondere für das beendete LdV Pilot Project und das MEPC-Training Module for Environmental Pollution Control (RO/02/B/PP-141004). Zugleich soll der Vergleich unseres Ethik-Projekts mit diesen genannten Projekten den Unterschied zwischen einer mehr empirischen und einer ethischen Denkweise verdeutlichen: es geht – kurz gesagt – um den Unterschied zwischen Sein und Sollen, zwischen einer von der Empirie geleiteten und einer von ethischen Prinzipien her kommenden Auffassung bestimmter Umweltprobleme. Den Personen, die in pragmatischen Kontexten mit der Beherrschung von Umweltproblemen befasst sind, fehlt es oft an Zeit und Gelegenheit, sich mit den ethischen Implikationen ihres Handelns zu beschäftigen. Die Berücksichtigung ethischer Aspekte ist jedoch unabdingbar für die Sicherung der Qualität von Umweltmaßnahmen. Unser Projekt strebt hier an, Neuland zu betreten und erstmals die pragmatische Orientierung existierender VET-Kurse mit einer ethischen Perspektive zu verbinden. Woran es ebenfalls innerhalb der EU-Staaten mangelt, ist eine Koordination der für VET-Trainingskurse maßgeblichen umweltbildungspolitischen Richtlinien und Konzepte. Daher versucht unser Projekt nicht zuletzt auch, einen Beitrag zur internationalen Standardisierung und Harmonisierung im Bereich der Umweltbildung und Umwelterziehung zu leisten. Durch die Partner des Projekts aus verschiedenen EU-Staaten sowie der Türkei wird sichergestellt, dass sowohl berufsbildende Schulen als auch (technische) Universitäten und Forschungsinstitute an der Entwicklung des Ethik-Moduls und geeigneter VET-Methoden beteiligt sind. Hinzu kommt außerdem die Beteiligung des türkischen Ministeriums für Umwelt und Fortwirtschaft. Dieses weit gespannte Partnernetz erlaubt es, die Ergebnisse des ENV-ETHICS-Projekts überall in Europa zu verbreiten und so die Bedingungen dafür zu verbessern, dass die Entscheidungsträger in verschiedenen Ländern koordiniert zusammenarbeiten können. Dies erscheint nicht zuletzt auch angesichts der häufig grenzüberschreitenden Natur gewisser Umweltprobleme dringend geboten.

Die relevanten Ergebnisse des Projekts werden in dem vorliegenden Buch zur Einführung in die Umweltethik, das auch in den Nationalsprachen der beteiligten Projektpartner erscheinen wird, dargestellt. Es enthält sowohl theoretische Aspekte als auch fallbezogene Diskussionen. Weiterhin wird es eine CD-ROM geben, welche die im Projekt entwickelten Lehrmaterialien – ebenfalls in den Sprachen aller Projektmitglieder abgefasst – präsentieren wird. Schließlich macht eine projekteigene Website allen Interessierten die Inhalte der VET-Kurse (blended-learning) zugänglich.

*

Noch ein letztes Wort zur Gliederung des Buches. Die ersten drei Kapitel haben vor allem eine auf das Thema hinführende Funktion: das 1. Kapitel führt in die Geamtproblematik ein (es geht um den aktuellen und geschichtlichen Hintergrund sowie die sozio-ökonomische und wissenschaftliche Ausgangslage); das 2. Kapitel versucht, dem philosophisch noch unbeschlagenen Leser eine Einführung in die Eigenart des philosophischen Denkens zu vermitteln (Was soll und kann die Philosophie überhaupt leisten?); und das 3. Kapitel schließlich soll den Leser mit den verschiedenen Aufgabenstellungen und Reflexionsebenen des spezifisch *umwelt*ethischen Denkens vertraut machen. Das sozusagen „Herzstück" des Buches bildet sodann das 4. Kapitel, in dem dem Leser die zentralen Theorieansätze innerhalb der Umweltethik nahe gebracht werden. Dieses Kapitel sollte auf jeden Fall genau studiert werden; und es kann von dem in Umweltschutzfragen und in der Philosophie bereits etwas bewanderten Leser auch unabhängig von den anderen Teilen des Buches studiert werden.

Die anschließenden beiden Kapitel sind ganz der Diskussion von speziellen Aspekten der Umweltethikdebatte gewidmet, deren Lektüre jedoch das Verständnis des Lesers hinsichtlich der Gesamtthematik vertiefen kann: das 5. Kapitel beschreibt und erläutert die Prinzipien, die das umweltpolitische und umweltrechtliche Denken national und international anleiten; und das 6. Kapitel wendet sich vor allem an den Leser mit naturwissenschaftlichen und umweltschutztechnischen Interessen, berücksichtigt aber auch umweltethische und umweltrechtliche Aspekte des ökologischen Umweltmanagements. Die das Buch beschließende und recht ausführliche Zusammenfassung (7. Kapitel) kann auch als erstes gelesen werden, um einen knapp gefassten Überblick über den Gesamtgedankengang des Werkes zu bekommen.

Der Leser wird feststellen, dass die einzelnen Kapitel in der Darstellung ein bisweilen unterschiedlich hohes Abstraktionsniveau aufweisen: die Anforderungen an den Leser nehmen in gewisser Weise von Kapitel zu Kapitel (und manchmal auch von Lektion zu Lektion) zu. Dies ist auch so beabsichtigt. Ebenfalls gewollt sind die stilistischen Unterschiede zwischen den verschiedenen Kapiteln: die Autoren stammen aus zum Teil ganz unterschiedlichen Fachrichtungen und Praxiskontexten, deren spezielle Perspektive auf die Thematik sowie spezifische Ausrichtung auf die unterschiedlichen Adressatengruppen, an die sich dieses Buch wendet, gewahrt bleiben sollten. Es wurde jedoch versucht, der Heterogenität der „Köpfe und Stile" durch eine klare Gesamtstruktur und zahlreiche Querverweise zwischen den Kapiteln entgegenzuwirken. Die Herausgeber und

Autoren hoffen, dass ihnen dieses komplexe Unterfangen zumindest im Ansatz gelungen ist.

Web-link:

http://www.env-ethics.com/en/

Mitarbeiter des ENV-ETHICS-Projekts:

Assis. Prof. Dr. Gamze Yucel ISILDAR, Gazi University, Tükei
Ing. Altan DIZDAR, Erbil Project Consulting Engineering, Türkei
Prof. Andrei Florin DANET, University of Bucharest, Rumänien
Prof. Dr. Jürgen SIMON, MHH – Medizinische Hochschule Hannover, Deutschland
Dr. Rainer PASLACK, MHH – Medizinische Hochschule Hannover, Deutschland
Dr. Eng. Elmo DE ANGELIS, Training2000, Italien
Kylene DE ANGELIS, Training2000, Italien
Des. Rob de VRIND, King William I College, Niederlande
MA Kees VROMANS, Hogeschool Hasdenbosch, Niederlande
Anouk van BUTSELAAR, King William I College, Niederlande
Msci. Monika OLSSON, Industrial Ecology, Royal Institute of Technology, Schweden
M.Sc. Damla BAYKAL, Ministry of Environment and Forestry, Environmental Protection Agency for Special Areas (EPASA), Türkei
Dr. Basak TASELI, Ministry of Environment & Forestry, Environmental Protection Agency for Special Areas (EPASA), Türkei
Dr. Karin Edvardssoon BJÖRNBERG, Dept. of Philosophy and the History of Technology, Royal Institute of Technology, Schweden
Dr. Ing. Daniele NARDI, Macerata, Italien
Selver Soylu, Fethiye Municipality, Türkei

1. Einführung in die Grundproblematik

Gamze Yücel Isildar

> *I would feel more optimistic about a bright future for man if he spent less time proving he can outwit Nature and more time tasting her sweetness and respecting her seniority.*
>
> E.B. White

Hauptziele der Einführung

Der Lernende sollte die Komplexität und Einzigartigkeit der Umweltethik in Bezug auf konkrete Umweltfragen (Lektion 1) und grundlegende Umweltprobleme in verschiedenen Umweltmedien (Lektion 2) verstehen. Weiter sollen die wissenschaftlichen Entwicklungen und zumindest die grundlegenden philosophischen Hintergründe der Umwelt-Philosophien bzw. ethischen Herangehensweisen verstanden werden, um nachvollziehen zu können, wie sich die gegenseitige Beziehung von Mensch-Natur im Laufe der Zeit verändert hat (Lektion 3 und 4). Schließlich soll der Lernende begreifen, welche Verantwortung wir gegenüber der Natur haben, und einsehen, wie die Umweltethik dazu beitragen kann, mit Hilfe des Umweltschutzes und der Überwachung von Umweltmaßnahmen vorhandene Umweltprobleme zu bewältigen.

1.1 Lektion 1: Die Komplexität von Umweltproblemen

Lernziele

Nach Beendigung dieser Lektion wird die/der Lernende verstehen,
(1) welche verschiedenen Herangehensweisen bei unterschiedlichen Umweltproblemen den Umweltakteuren zur Verfügung stehen,
(2) wie groß die Vielfalt alternativer Lösungen für die Bewältigung komplexer Umweltprobleme ist.

Beispielfall I

Richard Jenkins ist „Umweltexperte" im Ministerium für Umwelt und Forstwirtschaft in der Abteilung Umweltplanung und Umweltverträglichkeitsprüfung. Diese Abteilung ist verantwortlich für den Erlass von notwendigen Bestimmungen für unterschiedliche „environmental sites" (Umweltbereiche), die ökologisch wertvoll sind und die durch Umweltverschmutzung und Korruption bedroht sind. Ebenso gehört es zu ihren Aufgaben, Maßnahmen zum Erhalt von Naturschönheiten für kommende Generationen zu ergreifen. So sind Umweltexperten, die für das Ministerium arbeiten, dazu autorisiert, Umweltstrafen von bis zu € 50.000 pro Tag für Anlagen zu verhängen, die ungesetzliche Abfallentsorgungen (wie das Entladen von Giftmüll) vornehmen oder für giftige Emissionen verantwortlich sind. Sie sind sogar autorisiert, die Produktion ganz zu stoppen und die Fabrik zu schließen. Anders als bei Bußgeldern, die von Gerichten verhängt werden, werden diese Strafen von dem Experten des Ministeriums für Umwelt und Forstwirtschaft innerhalb weniger Tage nach Abladen des Mülls bzw. der Verklappung festgesetzt.

So hatte Richard Jenkins etwa bei einer seiner Inspektionen bemerkt, dass *Clean and Clean Chemical Inc.* ihren Sondermüll unkontrolliert in ein Rückhaltebecken im Hinterhof der Firma kippt. Er wusste, daß der Giftmüll, der von der Firma produziert wird, hohe Konzentrationen an Quecksilber enthält. Wenn das Quecksilber nicht in angemessener Weise entsorgt wird, kann dies eine Gefahr für Pflanzen, Wildtiere und Menschen in der näheren Umgebung bedeuten. Sobald er dies bemerkt hatte, hat er mit dem Firmeneigner gesprochen und ihn auf die ihm drohende Strafe hingewiesen. Normalerweise hatte der Besitzer in den letzten Jahren – trotz der Prosperität von *Clean und Clean* – den Geldmitteln, die für die ordentliche Entsorgung des Giftmülls, der in seiner Firma anfällt, aufgewendet werden müssen, keine große Beachtung geschenkt. Als jedoch aufgrund der Konjunkturschwäche die Profite einbrachen, hatte er sehr bald den Druck verspürt, seine Ausgaben zu reduzieren, wo immer es möglich war. In dem verzweifelten Versuch, seine Profitabilität zu erhalten, war er bereit, ethische Grundsätze der Aussicht auf Gewinn zu opfern. Er erklärte Jenkins, dass ca. 70 Angestellte für ihn arbeiten würden und es für ihn Priorität hätte, ihnen ihre Gehälter zu zahlen. Er verfüge darüber hinaus über keine weiteren Mittel, um irgendeine Geldstrafe zu zahlen. Außerdem sei er nicht besonders gut über die geltenden Umweltgesetze und eventuelle Geldstrafen informiert. Er sei sich auch nicht der möglichen negativen Auswirkungen und der Toxizität der Abfallprodukte bewusst.

Nur die externe Umweltberaterin von *Clean and Clean* verstand die Brisanz der Lage und es lag in ihrer Verantwortung, den Eigentümer entsprechend zu warnen. Allerdings hatten aufgrund der Wirtschaftskrise viele von ihren Klienten ihre Dienste nicht in Anspruch genommen. Die Einnahmen von *Clean and Clean* zum jetzigen Zeitpunkt zu verlieren, wäre daher für die Umweltberaterin verheerend gewesen. Sie fragte sich deshalb, wie sie die Bedürfnisse ihrer Kunden, Kosten für die Giftmüllentsorgung zu sparen, zufrieden stellen und gleichzeitig ihre Geschäftsbeziehung mit der Firma sowie ihr Berufsethos als Fachfrau für Umweltfragen aufrecht erhalten könnte. Im Falle von *Clean and Clean* war es immerhin denkbar, dass die illegale Entsorgung von Giftmüll nicht notwendig eine Strafverfolgung der Firma nach sich ziehe müsse, da der Eigentümer nicht wissentlich und willentlich diese gesetzeswidrige Handlung vollzogen hatte.

An diesem Punkt befindet sich Richard Jenkins in einem ethischen Dilemma. Was soll er tun?

- Den Firmeneigner dazu zwingen, die Strafe zu zahlen?
- Oder ihm noch Zeit zu geben, um sein Verhalten in Bezug auf seine Abfallentsorgung zu verändern?

Oder:

- Mit dem Besitzer und der Umweltberaterin sprechen, bevor eine Entscheidung getroffen wird, den Giftmüll weiterhin in das Rückhaltebecken einzuleiten?

- Ins Ministerium zurückkehren und alles vergessen, was er in der Firma gesehen hat?

Andererseits:

- Jenkins sann darüber nach, wie schuldig er sich fühlen würde, wenn Angestellte der Firma oder Einwohner der Gemeinde krank werden würden, weil er sich dafür entschieden hatte, die illegale Entsorgung zu ignorieren;
- er dachte aber auch daran, wie schuldig er sich fühlen würde, wenn alle Firmenangestellten ihre Arbeit verlieren würden, falls die Firma die Produktion einstellen müsste (Schließung als Strafe);
- er erwog schließlich auch die möglichen schädlichen Auswirkungen, die die unsachgemäß entsorgten Schadstoffe auf Pflanzen, Tiere und Menschen in der näheren Umgebung haben könnten;
- er überlegte außerdem, dass die Strafzahlungen (einschließlich Schadenersatz, Entschädigungszahlungen), zu denen die Firma gezwungen werden könnte, die Profitabilität der Firma drastisch beeinträchtigen könnte;
- er erwog zudem den möglichen Imageverlust und seine Folgen (z.B.: Wer möchte schon Geschäfte machen mit einer Firma, die möglicherweise eine ganze Stadt verseucht?)

Welche weiteren Beispiele oder Argumente könnten diesen Überlegungen noch hinzugefügt werden.

Auch dem Fabrikbesitzer stellte sich eine Reihe von ethisch relevanten Fragen:

- Sollte er die Strafe bezahlen und weitermachen wie bisher?
- Oder sollte er um staatliche Subventionen für eine ordnungsgemäße Giftmüllentsorgung bitten?

- Oder wäre es am klügsten, Jenkins (oder dessen Chef) ein Bestechungsgeld anbieten, damit er wegsieht und nichts gegen ihn unternimmt?
- Oder sollte er den Vertrag mit der Umweltberaterin kündigen, die ihn nicht rechtzeitig gewarnt hatte?

Beispielfall II

Dennis ist ein Umweltingenieur und arbeitet in einer Textilfabrik. Wie andere Firmen auch, leitet sein Unternehmen die Betriebsabwässer in einen See in der Nähe eines Touristengebietes. Er ist verantwortlich für die Überwachung von Abwasser und Abluft aus der Fabrik und erstellt Berichte für die Umweltschutzbehörde.

Bei seiner letzten Kontrolle der Schwebstoffe (TSS) und des chemischen Sauerstoffbedarfs (COD) hat er Werte gemessen, die etwas über den Grenzwerten liegen. Jedoch erscheinen ihm die möglichen Auswirkungen dieser erhöhten Menge auf die Menschen in dieser Region nicht allzu gefährlich; es könnte allerdings zu einer negativen Auswirkung auf die Fischpopulation in dem See kommen. Andererseits würde es 100.000 EUR kosten, diesen Effekt zu vermeiden. Dies könnte sogar zum Verlust einiger Arbeitsplätze führen. Der Fabrikbesitzer denkt deshalb, es sei nur eine „technische Formsache", und fordert Dennis daher auf, die Zahlen so anzupassen, dass sie in Übereinstimmung mit den Vorschriften stehen.

Was denkst Du: Wie sollte Dennis auf die Anweisung des Fabrikbesitzers reagieren? Wie sollte Dennis sich verhalten?

- Dennis könnte immerhin seinen Job verlieren, wenn er der Anweisung des Fabrikbesitzers nicht folgt.
- Der Fabrikbesitzer könnte versuchen, ihn zu bestechen (Geld, ein neues Auto, eine bessere Position usw.).
- Was aber, wenn in dem See Kinder schwimmen gehen?

- Und was ist mit einer möglichen Beeinträchtigung touristischer Aktivitäten und einem (daraus resultierenden) ökonomischen Schaden (Rückgang der Urlauberzahlen) in dieser Region?
- Was ist, wenn die Fabrik stillgelegt wird?

Auch wenn die beiden oben geschilderten Fälle fiktional sind, repräsentieren sie doch Situationen, in die fast jeder Umweltexperte geraten kann. Aufgrund von Unterschieden in Organisationen, persönlichen Werten und der Ausbildung kann es gegensätzliche Ansichten darüber geben, wie diese Dilemmata gelöst werden sollten (vgl. Stocks und Albrecht 1993). Diese hypothetischen Fälle demonstrieren die Besonderheit und Komplexität von Umweltproblemen, insofern sie soziale und normative Implikationen aufweisen, mit denen wahrscheinlich früher oder später jeder in diesem Arbeitsfeld in irgendeiner Weise konfrontiert wird. Es ist klar, dass wir es uns nicht leisten können, die Umwelt zu ignorieren, da unser Leben und das zukünftiger Generationen davon abhängen (Raven und Berg 2006: 2).

In diesem Sinn ist das Ziel dieses Buches, von der Notwendigkeit zu überzeugen, Umweltethik mit Umweltschutz und Überwachungsmaßnahmen (Kontrollen, Monitoring) in Einklang zu bringen, um Umweltprobleme vermeiden bzw. bewältigen zu können. In diesem Kapitel (Lektion 2) sollen die Ursachen, Auswirkungen und die Bedeutung von Umweltproblemen in den verschiedenen Medien (Wasser, Land, Luft etc.), die durch menschliche Aktivitäten bewirkt werden, kurz behandelt werden, um das gegenseitige Abhängigkeitsverhältnis zwischen Mensch und Natur besser zu verstehen. Die nachstehenden Erörterungen über die Entstehung von Umweltproblemen erfordern ein grundlegendes Wissen über die Natur und ein Verständnis dafür, auf welche Weise Mensch und Natur miteinander verbunden sind und warum dies für beide Seiten von Nutzen sein kann. Was wird oder könnte passieren, wenn sich die heutige Wahrnehmung der Umwelt nicht grundlegend verändert?

Um dies besser einschätzen zu können, werden wir in Lektion 3 einige drastische Umwelt(un)fälle behandeln. Dies soll (künftigen) Umweltexperten und Entscheidungsträgern dabei helfen, vor möglichen Bedrohungen sowie den Folgen von nicht vorhergesehenen Problemen zu warnen. Manche notwendige Informationen als Grundlage für wichtige politische Entscheidungen, die den Naturschutz betreffen, können freilich aus verschiedenen Gründen zur geeigneten Zeit nicht verfügbar sein. Einige Probleme können plötzlich und unerwartet auftauchen, so dass Verzögerungen unvermeidbar werden, bis die Wissenschaft erkenntnismäßig „aufgeholt" hat (s. Sutherland et al. 2008: 822).

Es dürfte nützlich sein, sich einmal kurz die Geschichte der Entwicklungen im Umweltschutz und innnerhalb der Umweltschutzbewegung vor Augen zu führen, um unsere Verantwortung gegenüber der Umwelt einsehen zu können. Es ist klar, dass es keine objektive Wahrheit hinsichtlich der Beziehung von Gesellschaft und Natur/Umwelt gibt. Stets konkurrieren verschiedene Wahrheiten aus der Sicht verschiedener Gruppen von Menschen in verschiedenen sozialen Positionen und mit verschiedenen Ideologien miteinander (vgl. Pepper 1996: 11). Deshalb ist es erforderlich, sowohl die verschiedenen wissenschaftliche Ansätze als auch die grundlegenden philosophischen Hintergründe hinter diesen Ideologien bzw. Herangehensweisen zu verstehen, um nachvollziehen zu können, wie sich die wechselseitige Mensch-Natur-Beziehung im Laufe der Zeit verändert hat. Diese Fragen werden in Lektion 4 behandelt. Zum Schluss, in Lektion 5, wird an Beispielen noch einmal die Unverzichtbarkeit eines Buches wie des hier vorliegenden verdeutlicht werden. Denn dieses Buch soll dazu beitragen, dass Umweltexperten und Entscheidungsträger zu einer „naturgemäßen" Anschauung gelangen, die die Verbindung zwischen den Menschen und der Natur betont und über eine nur technologisch-wissenschaftliche Weltsicht hinausgeht, in der die Natur als etwas agesehen wird, das es nach Maßgabe reiner Nutzenerwägungen zu verändern gilt. Stattdessen sollte gelten:

„*Man kann Probleme nicht lösen, indem man dieselbe Art des Denkens benutzt, wie die, die sie erzeugt hat.*"

> **Kontrollfragen I**
>
> Zum Beispielfall I: Bitte beschreibe, worin hier das ethische Dilemma besteht, wie der Umweltexperte, der Fabrikbesitzer und die Umweltberaterin sich ethisch richtig verhalten sollten?
>
> Nenne aus deiner Erfahrung ein eigenes Beispiel, falls du eines hast (wenn nicht, dann erfinde dein eigenes Szenario). Bitte liste die Akteure der Situation auf und wie Du das Dilemma lösen würdest!

1.2 Lektion 2: Das Problem der Schadstoffbelastung

> **Lernziele**
>
> Nach Beendigung dieser Lektion wird der/die Lernende verstehen können,
> (1) worin die grundlegenden Umweltprobleme (Wasser, Erde, Luft) bestehen,
> (2) was die Ursachen der Umweltverschmutzung durch den Menschen sind und welche technologischen Maßnahmen zu ihrer Prävention verfügbar sind;
> (3) warum und wie Umweltüberwachungstätigkeiten mit den Erfordernissen der Umweltethik verbunden werden sollten.

Es ist offensichtlich, dass die Umweltprobleme täglich zunehmen und Menschen dadurch direkt betroffen sind. Die Welt ist stärker bevölkert, stärker verschmutzt, städtischer, stärker biologisch beansprucht und wärmer als jemals zuvor seit Beginn der geschichtlichen Aufzeichnungen (vgl. Marsh and Grossa 2005: 1). Obwohl es viele ermutigende Anzeichen für eine Verbesserung gibt, wie die, dass Umweltschutzorganisationen und Umwelt-NGOs immer mehr Mitglieder verzeichnen können, etliche Kampagnen zur Erhöhung der öffentlichen Aufmerksamkeit durchgeführt werden, Umweltpolitik in den Programmen fast aller politischen Parteien eine Rolle spielt, schließlich sogar der Nobelpreis an Al Gore für seinen Film über die globale Erwärmung verliehen wurde (was darauf hinzudeuten scheint, dass die Menschen sich über die Bedeutung der Natur und damit ihrer Verantwortung gegenüber der Umwelt bewusster werden), gibt es immer noch unzählige Umweltprobleme, ist das Ozonloch immer noch vorhanden, nimmt die Artenvielfalt weiter ab, schrumpfen die Bereiche nutzbaren Landes durch die fortschreitende Ausdehnung der Wüsten oder den Anstieg des Meeresspiegels. Es genügt offenbar nicht, als Umweltschützer nur den guten Willen zu haben, die Umwelt zu schützen oder Umweltprobleme zu verhindern. Menschen setzen das hierzu erforderliche neue Umweltbewusstsein nicht problemlos in ihre alltägliche Routine um, verändern nicht umstandlos ihre Konsumgewohnheiten; und sie setzen ihre umweltbewussten Werte nicht so ohne Weiteres weder in ihren Beziehungen untereinander noch mit der Natur um. Kommt es zu einem Konflikt zwischen persönlichen Interessen und den Belangen des Naturschutzes, dann gewinnt leider allzu oft das persönliche Interesse. Tritt ein Widerspruch zwischen der freundlichen Einstellung zur Umwelt und dem tatsächlichen Verhalten auf, so erzeugt dies ein großes Problem: die Lösung von Umweltproblemen erweist sich als schwieriger als erwartet.

Es ist somit für alle Menschen und insbesondere für Umweltexperten und Entscheidungsträger notwendig, die ethischen Dimensionen mit den wissenschaftlichen, technologischen, ökonomischen, sozialen und juristischen Aspekten der Überwachung von Umweltverschmutzung in Einklang zu bringen, um einen wirksamen Umweltschutz zu erreichen. Glücklicherweise reichen die den Umweltexperten (Umwelttechnikern) zur Verfügung stehenden Methoden von den objektivsten (technischen) zu den subjektivsten (ethischen) Verfahren (vgl. Vesilind and Morgan 2004: 467). Dies erfordert Lösungen für Projekte des Umweltmanagements, die aber nicht nur ingenieur-technische Entscheidungen, sondern auch andere Belange wie ökonomische und ethische Maßstäbe in die erforderlichen Abwägungen einzubeziehen.

Dies kann nur von für Belange der Umweltethik sensibilisierten Umweltexperten und Entscheidungsträgern bewerkstelligt werden. Das vorliegende Buch wird sich daher mit der Notwendigkeit befassen, für eine Änderung des Verhaltenskodex und der ihm zugrunde liegenden Werte, die einst internalisiert worden sind, zu plädieren, um die Handlungen von Umweltprofessionellen auf eine neue Basis zu stellen. Es gibt ein Bedürfnis von Individuen nach einem Zufluchtsort der gültigen ethischen Werte, ungeachtet der Interessen des existierenden Weltkapitalismus. Diese Werte, anders als Gesetze, sind informell und sollen auf „weiche" Weise die Handlungen von Individuen gegenüber der Umwelt anleiten. Mit anderen Worten: „internalisierte ethische Werte" sind notwendig, damit Experten in einer umweltfreundlichen Art und Weise entscheiden und handeln können, indem sie sich selbst als einen Teil der Umwelt ansehen und die Natur als Teil ihrer selbst verstehen.

1.2.1 Wasserverschmutzung

Wasser wird von der Natur selbst gebraucht, aber auch für die Landwirtschaft (Bewässerung und Tierhaltung), als Trinkwasser und für die persönliche Hygiene, zum Transport, zur Energiegewinnung, für Freizeitaktivitäten (Baden und Angeln) und vieles mehr. Es besitzt eine enorme Bedeutung für unseren Planeten: es hilft die Kontinente zu formen, es mäßigt unser Klima, und es verhilft Organismen zu überleben (Raven and Berg 2006: 300). Auch dadurch, dass der Wettstreit um die begrenzten Wasserressourcen stärker wird, wird seine Wichtigkeit hervorgehoben. Wasserexperten sagen voraus, dass mehr als ein Drittel der menschlichen Erdbevölkerung im Jahre 2025 nicht mehr in der Lage sein wird, ausreichend an Süßwasser-Ressourcen für Trinkwasser und landwirtschaftliche Zwecke heranzukommen. Trotz dieser Fakten fahren wir Menschen mit alt gewohnten Konsumgewohnheiten fort und erschöpfen und verschmutzen unsere begrenzten Wasserreserven.

„Wasserverschmutzung" kann definiert werden als ein Zustand, der in der Regel von menschlichen Aktivitäten verursacht wurde und einen nachteiligen Effekt auf die Qualität von Flüssen, Seen, Ozean oder von Grundwasserquellen ausübt (Ray 1995: 222). Wie aufgrund dieser Definition gesehen werden kann, lassen sich zwei Faktoren von Wasserverschmutzung unterscheiden: Faktoren, die die Verschmutzung verursachen (menschliche Aktivitäten) und Faktoren, welche die Wasserqualität beeinträchtigen. Bevor wir näher bestimmen, was Wasserqualität ist, mag es nützlich sein, sich der verschiedenen Faktoren für die Verschmutzung zu vergewissern. Es gibt verschiedene menschliche Aktivitäten, welche direkte, indirekte und unerwünschte Auswirkungen auf die Wasserressourcen zeitigen. Beispiele hierfür sind:

- Unkontrollierte Landnutzung zum Zweck von Urbanisierung, Industrialisierung usw.;
- unkontrollierte Entsorgung von nicht oder unzureichend behandeltem Abfall und von Deponiesickerwasser;
- unkontrollierter und exzessiver Gebrauch von Pestiziden und Düngemitteln;
- Flussbettveränderungen (hydromorphologische Veränderungen) und ihre Auswirkungen auf die Sedimenttransporte (Dämme, Reservoire usw.);
- Kontamination mit gefährlichen Substanzen (einschließlich Schwermetalle, Öl und mikrobiologische Giftstoffe);
- Ölverseuchung;
- Belastungen durch den Bergbau (Grundwasserabsenkungen usw.).

Ein anderer Aspekt der Wasserverschmutzung betrifft die „Wasserqualität": Hiermit ist das Vorhandensein von Verunreinigungen im Wasser in einer solchen Menge und Beschaffenheit gemeint, dass es die physischen, chemischen und biologischen Eigenschaften des Wassers verändert und damit den Gebrauch von Wasser für einen bestimmten Zweck einschränkt. Die Definition der Wasserqualität ist somit abhängig von der jeweiligen Verwendung des Wassers. Die Wasserqualität wird gemessen durch ein fortlaufendes Monitoring. Dadurch wird eine Basis für das Erkennen von schleichenden Veränderungen zur Verfügung gestellt, insofern Informationen zum Verständnis von Ursache-Wirkung-Zusammenhängen gewonnen werden (Chapman 1992: 7).

Der Überwachung der Wasserqualität, wie wir sie in Kapitel 6 erörtern werden, dient das Sammeln von Informationen an bestimmten Orten und in regelmäßigen Abständen, um Daten zur Verfügung zu stellen, die dazu verwendet werden können, den jeweils aktuellen Zustand der Wasserqualität zu bestimmen (Chapman 1992:7).

Die *Water Framework Directive* (WFD – Directive 2000/60/EC) von 2000 wurde in zahlreichen EU-Staaten als Gesetz übernommen. Diese Direktive bezieht sich auf Flüsse, Seen, Grundwasser und Küstengewässer. Es fordert die Einrichtung von zwei primären Überwachungsprogrammen: das „Surveillance Monitoring (SM)" und das „Operational Monitoring (OM)" für Oberflächengewässer und Grundwasser. Jedoch sollte betont werden, dass diese Direktive nur die messtechnische Seite der Überwachung abdeckt. Um aber auch die Mechanismen der Natur selbst, also Ökosysteme mit ihrer empfindlichen Balance zwischen den verschiedenen Teilen des jeweiligen Ökosystems zu erfassen, braucht es weit mehr als nur eine Ausgestaltung von messtechnischen Überwachungssystemen. Es müsen ökologische Erkenntnisse und umweltethische Überlegungen hinzukommen.

Das vorliegende Buch möchte eine Brücke zwischen „Umweltwissen" und „umweltgerechtem Verhalten" schlagen, um die „technischen Aspekte" und die „ethischen Aspekte" der Überwachung miteinander zu verbinden. Die Hoffnung dabei ist, dass Umweltexperten mit einem erhöhten ökologischen Bewusstsein und einer gesteigerten umweltethischen Sensibilität auch ein größeres Verständnis für ihre Verantwortung bezüglich der Umweltüberwachungspraxis besitzen und ein vermehrtes Engagement für die Belange des Naturschutzes und entsprechende Verhaltensweisen zeigen werden.

> **Kontrollfragen (Wasserverschmutzung)**
>
> - Wie schätzt Du die Qualität des Trinkwassers und des Wassers für Bewässerungszwecke ein?
> - Was kannst Du in deinem täglichen Leben verändern, um Wasser einzusparen?
> - Wie ist der Gegensatz zwischen dem Nutzen und dem möglichen ökologischen Schaden von Staudämmen zu bewerten? Und mit welchen Auswirkungen auf die Wasserressourcen ist zu rechnen?

1.2.2 Luftverschmutzung

Die Atmosphäre ist absolut erforderlich, um das Leben auf der Erde zu erhalten. Dies gilt auch für das menschliche Leben auf diesem Planeten. Wir legen daher viel Wert darauf, dass wir „saubere Luft" einatmen können. Was aber genau ist „saubere Luft"? Um zu verstehen, was Luftverschmutzung und die Überwachung der Luftqualität bedeuten, ist es ein notwendiger erster Schritt, die Zusammensetzung und die Struktur der Atmosphäre zu kennen. Die Atmosphäre ist eine gasförmige Hülle, die die Erde umgibt und aus vier wichtigen Gasen und anderen Spurengasen besteht. Die durchschnittliche Zusammensetzung der Atmosphäre in ihrer reinen Form bis in 25 km Höhe zeigt Tabelle 1.

Tabelle 1

Konstante	**Komponenten**
(die Mengenverhältnisse bleiben dieselben)	
(N_2) Stickstoff	78.08%
(O_2) Sauerstoff	20.95%
Argon (Ar)	0.93%
Neon, Helium, Krypton	0.0001%

Variable	Komponenten
(Mengen können variieren je nach Zeit und Ort)	
(CO_2) Kohlenstoffdioxid	0.038%
(H_2O) Wasserdampf	0-4%
(CH_4) Methan	Spuren
(SO_2) Schwefeldioxid	Spuren
(O_3) Ozon	Spuren
(NO, NO_2) Stickoxide	Spuren

Quelle: http://www.visionlearning.com/library/module_viewer.php?mid=107

Die zwei für Menschen und andere Organismen wichtigsten atmosphärischen Gase sind Kohlendioxid und Sauerstoff. In der Photosynthese verbrauchen Pflanzen, Algen und bestimmte Bakterien Kohlendioxid, um Zucker und andere organische Moleküle herzustellen (dieser Prozess produziert Sauerstoff). Durch die Atmung verbrauchen die meisten Organismen Sauerstoff, um Nahrungsmoleküle aufzuspalten und sich so mit chemischer Energie zu versorgen (dieser Prozess produziert Kohlendioxid). Auch Stickstoff ist als eine Komponente des Stickstoffzyklus wichtig (Raven and Berg 2006: 455). Wasserdampf ist einer der wichtigsten Komponenten in der Atmosphäre; variiert im Volumen von Spuren bis zu 4 %. Die Konzentrationen verändern sich in der Horizontalen (je nachdem, wie weit man vom Ozean entfernt ist) und in der Vertikalen. Wasserdampf absorbiert von der Sonne kommende Infrarot-Strahlung und hält die Temperatur auf etwa 13 Grad Celsius. Andernfalls läge die Temperatur im Allgemeinen bei ca. -18 bis -19 Grad Celsius. Die Atmosphäre hat auch die Funktion, die Erdoberfläche vor UV-Strahlung zu schützen und das Klima ausgeglichen zu halten.

Entsprechend den obigen Ausführungen kann „Luftverschmutzung" definiert werden als eine Veränderung in der Zusammensetzung der Atmosphäre aufgrund verschiedener entweder von Menschen erzeugter und in die Luft emittierter Chemikalien (Verbrennungs- und Industrieabgase, motorisierte Fahrzeuge etc.) oder infolge natürlicher Ereignisse wie Vulkanausbrüchen, Waldbränden usw. – und zwar in so hohen Konzentrationen, dass sie für den Menschen und andere Organismen lebensgefährlich sind. Zum Beispiel reagieren in die Atmosphäre entwichene Schwefelverbindungen leicht mit Wasserdampf und werden unter dem Einfluss von Sonnenlicht in Säureverbindungen umgewandelt (dies wiederum reduziert den pH-Wert des Regens und verursacht damit sauren Regen). Der saure Regen kann erhebliche Schäden an Gebäuden und Denkmälern verusachen und indirekt damit auch dem Menschen schaden (Vesilind and Morgan 2004: 303).

Die Luftverschmutzungsprobleme sind anders zu lokalisieren als die des Treibhauseffektes und der Ozonlöcher. Die Atmosphäre kann in vier Hauptschichten eingeteilt werden: Troposphäre, Stratosphäre, Mesosphäre und Thermosphäre.

Die Troposphäre ist die Schicht, in der wir leben. Die Temperatur in dieser Schicht nimmt mit der Höhe ab. In den ersten 5 km dieser Schicht entsteht das Wetter, wie wir es kennen: Wolken werden gebildet und Niederschläge fallen, der Wind bläst, Feuchtigkeit variiert von Ort zu Ort und die Atmosphäre steht im Austausch mit der darunterliegenden Erdoberfläche. Über 80% der Luft befindet sich innerhalb dieser gut durchmischten Schicht. Folglich ist die Verweildauer von Schmutzteilchen (Aerosolen) nur kurz, aber die Konzentration der Emissionen oftmals hoch. Oberhalb der Troposphäre, in einer Schicht, die Stratosphäre genannt wird, kehrt sich das Temperaturprofil um und es finden weniger chemischer Durchmischungen statt. Emissionen können dort viele Jahre verbleiben. Die Stratosphäre hat eine hohe Ozonkonzentration (90% der gesamten Ozonkonzentrationen) und Ozon absorbiert die von der Sonne ausgehende ultraviolette Strahlung. Über der Stratosphäre befinden sich zwei weitere Schichten, die Mesosphäre und die Thermosphäre, die nur ungefähr 0,1% der Luft enthalten (Vesilind and Morgan 2004: 302).

Die Luftverschmutzung stammt aus vielen verschiedenen Quellen: stationäre Quellen wie Fabriken, Kraftwerke und Schmelzhütten und kleinere Quellen wie Chemische Reinigungen. Hinzu kommen mobile Quellen wie Autos, Busse, Flugzeuge, Lastwagen und Züge. Aber auch natürlich vorkommende Quellen wie vom Wind verwehter Staub oder der Auswurf von Vulkanen trägt zur Luftverschmutzung bei. Unglücklicherweise sind die menschlichen Aktivitäten für einen besonders großen Teil der Luftverschmutzung verantwortlich, wie dies in dem Bericht des „Intergovernmental Panel on Climate Change" (IPCC) (4. Assessment Report (2007) festgestellt wird: *„Die globalen Konzentrationen von Kohlendioxid, Methan und Stickoxiden in der Atmosphäre haben aufgrund von menschlichen Aktivitäten erheblich zugenommen."*

Es gibt somit viele verschiedene Schadstoffe, die die Luft verschmutzen und die aus verschiedenen Quellen stammen bzw. von unterschiedlichen Aktivitäten herrühren. Die Hauptschadstoffe können in Abhängigkeit von ihrer physischen Form kategorisiert werden: als *primäre* und *sekundäre Schadstoffe*. Primäre Schadstoffe sind diejenigen, die einen schädlichen Einfluss auf lebende und nicht-lebende Objekte besitzen. Beispiele hierfür sind: Kohlenmonoxid aus Autoabgasen und Schwefeldioxid aus der Verbrennung von Kohle. Zu einer Verschmutzung kann es auch dann kommen, wenn primäre Schadstoffe in der Atmosphäre chemisch miteinander reagieren. Die daraus resultierenden Verbindungen werden dann als „sekundäre Schadstoffe" bezeichnet. Photochemischer Smog und der saure Regen sind dafür Beispiele.

Partikel können in der Luft in flüssiger und fester Form in unterschiedlichen Größen gefunden werden; und bestimmte Konzentrationen verursachen eine Vielzahl von Erkrankungen wie Asthma und andere Atemwegsprobleme. Wenn sie in der Atmosphäre mit Schwefeloxiden verbunden sind, verringert sich dadurch die Sichtweite. Die wichtigsten gasförmigen Schadstoffe sind Stickoxide, Schwefeloxide, Kohlenstoffoxide, Ozon, Kohlenwasserstoffe und Oxidantien. Hauptsächlich stammen sie von unvollständig verbrannten fossilen Brennstoffen. Sie wirken schädigend auf die menschliche Gesundheit und auf viele Materialien;

und sie tragen ebenfalls zum sauren Regen bei. – Die Wirkungen einiger der wichtigsten Luftschadstoffe auf die Gesundheit werden in Tabelle 2 aufgeführt.

Tabelle 2: Gesundheitliche Auswirkungen einiger wichtiger Luftschadstoffe

Schadstoff	Quelle	Auswirkungen
Partikel	Industrien, elektrische Kraftwerke, Motorfahrzeuge	Verschlimmert Atemwegserkrankungen; langfristige Expositionen können vermehrte Fälle von chronischen Erkrankungen verursachen wie Bronchitis, verbunden mit Herzerkrankung; unterdrückt das Immunsystem
Stickoxide	Motorfahrzeuge, Industrie, stark gedüngte Ackerflächen	Reizt die Atemwege, verschlimmert Atemwegserkrankungen wie Asthma und chronische Bronchitis
Schwefeloxide	Kraftwerke und andere Industrien	Reizt die Atemwege; dieselben Auswirkungen wie bei Partikeln
Kohlenmonoxide	Motorfahrzeuge, Industrien	Reduziert die Fähigkeit des Blutes, Sauerstoff zu transportieren; erzeugen Kopfschmerzen und Müdigkeit auf niedrigem

		Niveau; sowie mentale Einschränkungen oder Tod bei hohen Konzentrationen
Ozon	Wird in der Atmosphäre gebildet (sekundäre Schadstoffe)	Reizt die Augen; reizt die Atemwege; produziert Brustbeschwerden; verschlimmert Atemwegserkrankungen wie Asthma und chronische Bronchitis

Quelle: Raven and Berg 2006: 463

Es ist offensichtlich, dass die Luftverschmutzung ein sehr komplexes Problem darstellt, da die Ursachen vielfältig, uneinheitlich und geographisch inhomogen in ihrer Verteilung sind. Einige Luftschadstoffe (z. B. Dioxin, Asbest, Toluole und Metalle wie Cadmium, Quecksilber, Chrom und Bleiverbindungen) sind höchst giftig, selbst wenn sie nur in Spuren vorhanden sind und eine Exposition nur während eines sehr kurzen Zeitraums stattfindet.

Die Bemühungen, einer Luftverschmutzung vorzubeugen, beziehen sich im Allgemeinen auf deren Ursache und insbesondere die Abfallvermeidung. Es gibt mehrere Methoden, um Schwefeloxide aus Industrieabgasen zu entfernen: die Modifikation von Hochöfen und Maschinen, um eine vollständigere Verbrennung zu erreichen, und „katalytische Nachbrenner" sind nur wenige Beispiele von Maßnahmen zur Reduzierung der Luftverschmutzung. Dies sind allesamt technologische Lösungen. Allerdings kann es sein, dass die Technologie allein nicht ausreicht. Während sich die Belastungen auf die Ökosysteme der Erde erhöhen, werden sich immer mehr Menschen, junge wie alte, darüber bewusst, dass Umweltfragen jeden betreffen und dass diese nicht allein durch Technik gelöst werden können. Es ist klar, dass ein effizientes Umweltmanagement ebenso auf ethischen Fragen zu fußen hat. Um etwas nachhaltig zu verhindern, muss der Wert eines zu schützenden Gutes angemessen verstanden und müssen entsprechende Werthaltungen internalisiert werden.

> **Kontrollfragen II (Luftverschmutzung)**
> (1) Denkst Du, dass die Atmosphäre eine unbegrenzte Ressource ist? Wenn ja, begründe dies!
> (2) Hast Du alternative Vorschläge, wie eine durch den Menschen verursachte Luftverschmutzung vermieden werden kann?

1.2.3 Bodenverschmutzung

„Landnutzung" kann definiert werden als die durch den Menschen verursachte Veränderung einer natürlicher Umgebung, etwa die Verwandlung von Wildnis in eine „kultivierte" Umgebung wie Felder, Weiden und Siedlungen. Weltweit werden geschätzte 38% der gesamten Landmasse für den Ackerbau verbraucht. Weitere 33% des Bodens bestehen aus städtischen Gebieten bzw. aus Gesteinen, Eis, Tundren und Wüsten – Gebiete, die man langfristig als ungeeignet für die menschliche Nutzung ansieht. Es verbleiben 29% der Landoberfläche als natürliche Ökosysteme, die als potenzielle Gebiete für die menschliche Nutzung gelten (Raven and Berg 2006: 399).

Diese Zahlen belegen die Grenzen der für Organismen bewohnbaren Gebiete der Erde. Jedoch sollte man sich bewusst sein, dass auch diese bewohnbaren Gebiete in Bezug auf Qualität und Quantität Veränderungen unterworfen sind. Beispielsweise wird in den nächsten 40-50 Jahren die globale Erderwärmung Veränderungen für die fruchtbaren Anbauflächen oder die Gewässer bewirken. Es gibt klare Anhaltspunkte dafür, dass veränderte Formen der Landnutzung bedeutenden Einfluss auf lokale Umweltbedingungen, die Wirtschaft und die Sozialsysteme haben. Zum Beispiel ist der Wasserkreislauf stark abhängig von der herrschenden Vegetation, der jeweiligen Oberflächenbeschaffenheit, den geologischen Eigenschaften der Erde und von dem Umgang mit den verfügbaren Wasserressourcen durch die Menschen (z. B. Errichtung von Staudämmen, Bewässerung, Kanalisierung und Trockenlegung von Feuchtgebieten), was wiederum die Verfügbarkeit von Wasser und dessen Qualität beeinflusst. Veränderungen in der Flächennutzung und Landbedeckung sowie Klimaschwankungen und faktische Klimaveränderungen, die Bodendegradation und andere Umweltveränderungen beeinflussen sich gegenseitig so, dass sie sich auf die natürlichen Ressourcen auswirken, indem sie die Struktur der Ökosysteme und deren Funktion verändern. Zudem reagieren ökologische Systeme möglicherweise auf unerwartete Weise, wenn sie zwei oder mehreren Störungen zugleich ausgesetzt sind (vgl. Strategic Plan for the U.S. Climate Change 2003: 69).

Bedeutsame und zunehmende Auswirkungen auf die Landnutzung zeitigen das starke Wachstum von Städten, die fortschreitende Bodenerosion und Bodendegradation sowie die Versalzung des Bodens und die Ausbreitung der Wüsten. Nach einem Bericht der United Nations' Food and Agriculture Organization ist die Bodendegradation dort am weitesten fortgeschritten, wo es keine Planung für die Landnutzung gab oder es zu falschen Entscheidungen über die Bodennutzung gekommen ist. Zudem führten einseitige zentrale Planungen oft zur Übernutzung der Landressourcen. In der Folge dieser Fehlplanungen kam es häufig zur Verelendung großer Teile der ansässigen Bevölkerung und zur Zerstörung wertvoller Ökosysteme.

Unangemessene Formen der Landnutzung sollten durch eine langfristige und – sehr wichtig – ganzheitliche Planung beim Management der Landressourcen verhindert werden. Um dieses Ziel erreichen zu können, sollte dem Schutz und der Nachhaltigkeit der Landressourcen Priorität eingeräumt werden vor persönlichen oder privatwirtschaftlichen Interessen. Interessenkonflikte bei der Verplanung von Landressourcen, wie wir sie in Lektion 3 dieses Kapitels behandeln werden, sind allerdings weit verbreitet.

Eine Vielzahl von Umweltproblemen betrifft bereits unseren gesamten Planeten. Jedes Umweltproblem hat zumeist verschiedene Ursachen und zahlreiche Auswirkungen auf die Natur und den Menschen.

Eine Lösung dieser komplexen Umweltprobleme kann nur gelingen, wenn alle Faktoren, also auch die ethischen Aspekte sowie die ökologischen, ökonomischen, kulturellen und sozialen Aspekte in die Analyse und das Umweltmanagement einbezogen werden. Dies ist der einzige Weg, um zu nachhaltigen und erfolgreichen Lösungen für unsere Umweltprobleme zu gelangen.

> **Kontrollfrage III (Bodenverschmutzung)**
>
> Wie würdest Du den Begriff „Dienstleistungen des Ökosystems" erklären? Nenne Beispiele für solche „Dienstleistungen"!

1.3 Lektion 3: Der sozio-ökonomische Hintergrund und unsere Verantwortung gegenüber der Umwelt

> **Lernziele**
>
> Der Lernende
>
> (1) sollte eine Antwort geben können auf die Frage: Was sind die Faktoren, die Umweltprobleme so komplex und einzigartig machen?
>
> (2) Er sollte die Notwendigkeit verinnerlichter umweltethischer Werte als eine Voraussetzung für umweltgerechtes Verhalten verstanden haben und
>
> (3) er sollte die Geschichte der Entwicklungen im Umweltschutz bzw. der verschiedenen Umweltschutzbewegungen nachvollzogen haben, um die Ursachen besser verstehen zu können, welche die Einstellungen und Verhaltensweisen von Individuen gegenüber der Umwelt beeinflussen.

Umwelt ist komplex und Umweltfragen scheinen manchmal eine nicht handhabbare Anzahl von Themen und Faktoren zu umfassen. In Lektion 3 werden wir einige der Faktoren, die die Komplexität und Einzigartigkeit von Umweltproblemen ausmachen bzw. erzeugen, sowie die Geschichte der umweltbezogenen Denkansätze diskutieren.

1.3.1 Faktoren der Komplexität von Umweltfragen

(a) Zukünftige Bedrohungen (technologisch): Es gibt einige Umweltbelange, die gerade erst anfangen, sich zu zeigen, und wir können kaum ihre kurzfristigen Auswirkungen auf die Natur und auf den Menschen voraussagen (etwa die Auswirkungen von Handys, die Auswirkungen von endokrin wirksamen Stoffen). Diese Auswirkungen sind ungewiss und sie können „schwach" sein oder „widersprüchliche Signale" geben. Dennoch ist es in jedem Fall der Mühe wert, ihnen nachzugehen. Auch wenn sich einige als irrelevant herausstellen werden – ein Teil davon wird sich zu zentralen Fragen der Zukunft entwickeln. Und einige Aspekte werden plötzlich und unerwartet auftauchen, so dass eine gewisse Wartezeit, bis die Wissenschaft methodisch aufgeholt hat, unvermeidbar sein wird. Manchmal sind Wissenschaftler vorausschauend und erkennen ein Problem, aber verfolgen dies nicht aufgrund von konkurrierenden kurzfristigen Interessen (Sutherland et al. 2008: 822).

In der Studie von Sutherland et al. (2008: 821-833) wurden 25 neuartige Bedrohungen besonders hervorgehoben. Es gehe darum, Bedrohungen der Umwelt abzuschätzen, bevor sie zu einem gravierenden politischen und sozialen Problem werden. Einige Beispiele sind:

- die *Verwendung von Nanotechnologien* – auch wenn ein ‚sozialer Nutzen' in der Medizin, Elektronik und Umwelt erwartet werden darf, ergibt sich die Notwendigkeit, die potenziellen Auswirkungen auf die Umwelt nach Möglichkeit vorherzusagen.
- Es gibt auch die Möglichkeit, dass künstlich erzeugtes Leben – technologisch erzeugte Organismen und synthetische Mikroben – mit unvorhersehbaren Folgen in die Umwelt ausgesetzt werden.
- Der Klimawandel könnte eine Verbreitung von schädlichen zugewanderten Arten, die bisher durch die Wintertemperaturen ferngehalten wurden, verursachen und so unsere Artenvielfalt schädigen und zu einer Ansiedlung von invasiven Artengemeinschaften führen.

- Die Verwendung von Biokraftstoffen als eine Alternative zu fossilen Brennstoffen hat auch Auswirkungen auf die Umwelt, was näher untersucht werden müsste.

(b) Ökologische Krise: Eine ökologische Krise tritt ein, wenn sich die Umwelt einer Art oder einer Population dergestalt verändert, dass es deren Überleben infrage stellt. Es gibt viele mögliche Ursachen für eine solche Krise:

- Es kann sein, dass die Qualität der Umwelt im Verglich zu den Bedürfnissen einer Art abnimmt, nachdem eine Veränderung eines abiotischen ökologischen Faktors (z. B. ein Ansteigen der Temperatur, weniger Regenfälle) stattgefunden hat.
- Es kann der Fall eintreten, dass die Umwelt für das Überleben einer Art (oder Population) ungünstig wird aufgrund eines erhöhten Prädationsdruckes (zu viele Fressfeinde).
- Schließlich kann es sein, dass sich die Umweltlebensqualität von Arten (Populationen) aufgrund der Erhöhung der Anzahl von Individuen (Überbevölkerung) nachteilig entwickelt.
(Vgl. Wikipedia: http://en.wikipedia.org/wiki/Ecological_crisis)

(c) Ökonomische Krise: Es können positive und negative Auswirkungen der gegenwärtigen ökonomischen Krise auf die Umwelt auftreten. Wie Michael Klare (2008) feststellt: „Unter den vielen Gebieten, die von einem wirtschaftlichen Abschwung betroffen sind, ragt die Umwelt besonders heraus. Sie ist eng verbunden mit dem Tempo des Ressourcenverbrauchs; und vermehrte Anstrengungen, den Umweltverschlechterungen entgegenzuwirken, können sich als sehr teuer und als unerschwinglich für die ohnehin überbeanspruchten Haushalte herausstellen. So erhebt sich die Frage: Wird sich die Krise als gut oder schlecht für die Umwelt erweisen, insbesondere hinsichtlich einer möglichen Klimaerwärmung?" Viele Experten nehmen darüber hinaus an, dass die Nachfrage in der näherren Zukunft noch weiter zurückgehen wird, während

sich die ökonomische Krise weiter verschärft und die Konsumenten weltweit ihre Ausgaben für Reisen und Energiekosten reduzieren – und je weniger Öl verbraucht wird, desto weniger wird CO_2 emittiert. Die Menschen bleiben dort, wo sie leben, benutzen eher öffentliche Verkehrsmittel und fliegen weniger zu ihren Zweitwohnsitzen. Dies wird auch eine substanzielle Verringerung des Energieverbrauchs und der CO_2-Emissionen bewirken. Dies alles stellt zumindest ein denkbares Szenerio dar. Es ist derzeit gleichwohl unklar, ob sich die Krise eher besser oder schlechter auf die Umwelt auswirkt.

1.3.2 Verantwortung für die Umwelt

Es ist offensichtlich, dass heutzutage, da die Menschen angesichts der Zerstörung von natürlichen Ressourcen, der globalen Klimaerwärmung, einer Verringerung der Artenvielfalt, einer Abnahme der Ozonschicht, einer Beschleunigung der Bodenerosion und dem Vordringen der Wüsten beginnen, die Konsequenzen dieser Probleme verstärkt wahrzunehmen. In Abhängigkeit von diesen Tatsachen und Trends hat sich die Wahrnehmung der Umwelt von der Mitte des 20. Jahrhunderts bis heute stark verändert und entwickelt. Die Anzahl der Leute, die sich für Umweltfragen interessieren, ist gestiegen – und ein „Umweltschützer" zu sein, ist in Europa wie anderswo in der Welt zum Modetrend geworden. Umweltschutzorganisationen und Umwelt-NGOs registrieren zunehmend mehr Mitglieder, zahlreiche Medienkampagnen wurden durchgeführt, „Umweltpolitik" ist zu einem wichtigen Bestandteil in den Programmen fast aller politischen Parteien geworden, eine Reihe von Gesetzen zu Umweltthemen wurde verkündet und schließlich wurde sogar der Umweltaktivist Al Gore mit dem Nobelpreis für seinen Film zur Klimaerwärmung ausgezeichnet. Diese Veränderungen scheinen darauf hinzudeuten, dass sich die Menschen bewusster werden, welche Verantwortung sie gegenüber der Umwelt besitzen.

Deshalb wird erwartet, dass das Umweltbewusstsein weiterhin zunimmt und sich das Verhalten gegenüber der Umwelt so verändern wird, dass auch ein gewandeltes Verhalten in Bezug auf den Umweltschutz daraus resultiert. Allerdings haben zahlreiche Studien, die die Umwelteinstellungen untersucht haben (Ewert and Galloway 2005: 58; Olli, Grendstadt and Wollebäk 2001: 181) ein Paradoxon sichtbar gemacht, wenn das tatsächliche Verhalten mit den ausgedrückten Überzeugungen und Einstellungen verglichen wird. Dieses Paradoxon besteht darin, dass viele Menschen die Veränderungen in ihren Einstellungen, in ihrer Umweltwahrnehmung und in ihrem Umweltbewusstsein keineswegs in ihre tägliche Alltagsroutine umsetzen und sodann in einer umweltfreundlichen Weise leben: sie verändern nicht ihre Konsumgewohnheiten, achten nicht de facto auf ihre neuen Umweltwerte sowohl in ihren Beziehungen untereinander als auch in Bezug auf die Natur. Es besteht offenbar ein Konflikt zwischen persönlichen Interessen und dem Bewusstsein von der Bedeutung des Umweltschutzes. Dieses Dilemma erfordert eine Diskussion über die Möglichkeiten, wie erreicht werden kann, dass die neuen Werte, die angenommen wurden, auch die Handlungen von Menschen beeinflussen können. Anders als Gesetze bilden Werte einen informellen und ungeschriebenen Orientierungsrahmen für die Handlungsorganisation von Individuen gegenüber der Umwelt. Es ist gleichwohl notwendig, dass diese Werte auch tatsächlich zu einem veränderten Umweltverhalten *motivieren*.

Daher zielt dieses Buch auch auf die moralische Entwicklung von Individuen, indem es anhand der Diskussion einiger Fälle von Umwelthandeln zu umweltgerechtem Handeln motivieren soll. Individuen bilden ihr eigenes ethisches Bezugssystem aus, um in Harmonie mit der Natur zu leben, indem sie die Folgen ihrer Beziehung mit der Natur abschätzen. Jedes Individuum hat die Fähigkeit, sobald sie/er es bemerkt oder mit ungünstigen Auswirkungen auf die bestehende Interaktion konfrontiert ist, ihr/seine Beziehung mit der Natur in Richtung einer sanierten und saubereren Umwelt zu verändern. Einerseits haben Menschen die Tendenz, die natürlichen Ressourcen zu übernutzen in der Annahme, dass diese grenzenlos seien. Andererseits haben sie jedoch auch die Fähigkeit, Umweltverschmutzung und -zerstörung mittels geeigneter Technologie zu verhindern (Tekeli, 2000).

An diesem Punkt stehen sie vor der Wahl, in welche Richtung sie sich bewegen möchten: Zerstörung oder Erhaltung der Umwelt/Natur? Freiheit beinhaltet stets verschiedene Wahlmöglichkeiten. Das, was benötigt wird, um die richtige Wahl zwischen den Alternativen zu treffen, die zu unserer Persönlichkeit, Kultur, Religion und Wünschen passt, sind Wissen und Gewissen. Nur dies kann uns helfen, die Grenze zwischen unserer Freiheit und der Freiheit anderer einschließlich der Natur zu bestimmen. Präferenzen sind gute Indikatoren für die ethische Herangehensweise eines Individuums. Individuen können mithilfe ihres Gewissens herausfinden, was gut und schlecht ist, und verstehen, worin ihre Verantwortung liegt; und dementsprechend können sie handeln.

Tatsächlich besteht eine enge Verbindung zwischen Ethik und Verantwortung. Als Individuen tragen wir Verantwortung *gegenüber der Natur* (wie die Nachhaltigkeit der natürlichen Resourcen zu garantieren ist oder wie wir die beschädigte Balance wiederherstellen oder ein Ökosystem sanieren können usw.), *gegenüber der Gesellschaft* (wir leben in einer Gesellschaft und wir müssen die allgemeinen Interessen berücksichtigen; allerdings sollten diese Interessen nicht nur auf den Menschen bezogen sein) sowie *gegenüber zukünftigen Generationen*.

Wenn die Stabilität von Ökosystemen bzw. die innere Empfindlichkeit von Naturprozessen richtig verstanden wird und der einzelne Mensch ein angemessenes Bewusstsein im Hinblick auf seine Stellung innerhalb der Natur erreicht, dann können wissenschaftliche Erkenntnisse und Erfahrungen zusätzlich die Sensibilität gegenüber der Natur erhöhen und den Sinn für Verantwortung stärken.

An dieser Stelle mag es nützlich sein, einen kurzen Blick auf die Geschichte des Umweltschutzes und der Umweltschutzbewegung zu werfen, um die Gründe verstehen zu können, von denen die Umwelteinstellungen und das Umweltverhalten von Individuen beeinflusst wird. Es ist klar, dass es keine einzige objektive Wahrheit über das Verhältnis von Gesellschaft-Natur/Umwelt gibt. Es existieren immer verschiedene Wahrheiten für verschiedene Gruppen von Menschen mit verschiedenen sozialen Positionen und mit unterschiedlichen Weltanschauungen (Pepper, 1996). Deshalb ist es notwendig, die wesentlichen wissenschaftlichen Entwicklungen nachzuvollziehen und zumindest den grundlegenden philosophischen Hintergrund dieser Weltsichten zu betrachten, um zu verstehen, wie sie die gegenseitige Beziehung von Mensch und Natur im Laufe der Zeit bestimmt und verändert haben.

Seit alters her wurden verschiedene Ansätze und Gedanken über das Verhältnis Mensch-Natur entwickelt und erörtert. Die Menschen der Frühzeit verbrachten ihr gesamtes Leben mit der Sicherung ihrer elementaren Bedürfnisse wie Nahrung und Obdach. Sie hatten nur einen begrenzten Einfluss auf die Natur. Als jedoch die Techniken des Ackerbaus und des Jagens Fortschritte machten, wurden auch kleinere („konstruktive") Eingriffe in die Natur möglich. Zu dieser Zeit überbeanspruchten die Menschen die Natur aufgrund gesteigerter Bedürfnisse nach mehr Nahrung, besseren Unterkünften und besserer Kleidung, die über ihren Bedarf hinausgingen (Luxusbedürfnisse) und verursachten so erstmals eine Dezimierung und Verschmutzung natürlicher Ressourcen. Mit der industriellen Revolution im Europa des 17. und 18. Jahrhunderts kam sodann ein „revolutionäres Paradigma" zur Herrschaft: „Natur ist eine Ressource und kann vom Menschen nach Belieben ausgebeutet werden, um seine Ansprüche an einen steigenden Lebensstandard zu befriedigen". Dies machte die Menschen zunehmend dominant und ließ sie sich als die Herren der Welt fühlen. Dementsprechend verhielten sie sich auch und erzeugten in der Folge zunehmend gravierende Umweltprobleme auf der Grundlage dieses Paradigmas.

Aus der Einsicht, dass die Menschen nicht länger mit einer solchen anthropozentrischen Weltsicht weitermachen können und mit den damit verbundenen Konsumgewohnheiten, ist der „Umweltschutz" als ein wichtiges Konzept im 19. und 20. Jahrhundert entstanden.

> **Kontrollfrage III (Landverschmutzung)**
> Nenne beispielhaft Faktoren, die unerwartete oder unvorhersehbare Folgen für die Natur haben können!

1.4 Lektion 4: Zur Geschichte des Umweltschutzes

> **Lernziele**
> Nach Beendigung dieser Lektion wird der/die Lernende in der Lage sein zu verstehen,
> (1) wie sich das Verhältnis Mensch-Natur im Verlauf der Zeit entwickelt hat,
> (2) wie die sozialen und ökonomischen Entwicklungen die Geschichte des Umweltgedankens beeinflusst haben.

Die ersten bedeutenden Studien der Umweltwissenschaft erschienen im letzten Quartal des 18. Jahrhunderts. George Louis Leclerc veröffentlichte 36 Bände der *Historie Naturel* (Geschichte der Natur) in den Jahren 1749-1788. In diesen Büchern wurde, da ihr Denken noch der vorindustriellen Periode angehörte, die umweltdestruktive Rolle der Menschheit noch nicht wahrgenommen. Für Leclerc lebten die Menschen noch in Harmonie mit der Natur. Demgegenüber hob Thomas Malthus (1766-1834) die negativen Auswirkungen eines unkontrollierten Bevölkerungswachstums hervor; er zeigte sich in etwa so pessimistisch hinsichtlich der Zukunft wie viele heutige Umweltschützer. Malthus begründete einen grundlegenden Ansatz zu den „Grenzen des Wachstums", wie wir heute sagen würden. Malthus kann Thomas Hobbes und John Locke zufolge als der erste Repräsentant des anthropozentrischen Ansatzes gelten (deren Kritiker er zugleich war). Die „anthropozentrische Umweltethik" wird noch ausführlich in Kapitel 2 behandelt werden. Angesichts seiner Ideen haben Adam Smith und Garret Hardin mehrere Studien vorgelegt, die mit dem Thema der Auswirkungen eines unkontrollierten Bevölkerungswachstums auf die Natur in Zusammenhang stehen.

Anfang des 19. Jahrhunderts waren Geographen wie G. Ritter und von A. von Humbolt sehr an der Interaktion zwischen Mensch und Natur interessiert. Die wechselseitigen Beziehungen zwischen Mensch und Natur werden in Ritters Analyse in einen theologischen Rahmen gestellt, wohingegen von Humbolt den Naturwissenschaften die Priorität einräumte bei der Bestimmung des Mensch-Natur-Verhältnisses. In dieser Zeit gelangen manche Denker und Wissenschaftler bis an den Punkt der Idee des „Umwelt-Determinismus", demzufolge natürliche Bedingungen für die Evolution des Lebens wichtiger sind als soziale Determinanten.

Als der wohl bedeutendste Repräsentant des „Umwelt-Determinismus" kann Charles Darwin gelten (1809-1882), der als ein Meilenstein (Pepper, 1996) in der Umweltgeschichte angesehen werden muss. Darwin hat der Umwelt einen selektiven Einfluss zugesprochen, durch den die Physiologie und das Verhalten von Pflanzen und Tieren entscheidend geformt werden. Hierbei postulierte er die Theorie des Konkurrenzkampfes („Kampf ums Überleben") unter den Organismen: Dieser Kampf um Nahrungsressourcen und Fortpflanzungschancen ist denjenige Mechanismus, der die Überlebensfähigkeit einer Art sichern kann. In dem Maße, wie zufällige Veränderungen (Mutationen) in der biologischen Grundausstattung der Lebewesen dessen „Fitness" in diesem Kampf erhöhen, vermag sich eine Art (Spezies) gegenüber einer anderen, mit der sie konkurriert, durchzusetzen und somit ihre Überlebensfähigkeit innerhalb des Ökosystems zu erhöhen (Theorie der Evolution). Langfristig gesehen ist dieser Wettstreit unter den Arten so gut ausbalanciert, dass der Naturhaushalt insgesamt konstant bleibt. An dieser Stelle von Darwins Theorie wird die spätere Idee von Systemen im dynamischen Gleichgewicht vorweggenommen, die sehr wichtig für unsere Diskussionen über das Verhältnis von Mensch und Natur ist, da sie einen Übergang von der anthropozentrischen zur ökozentrischen Herangehensweise vorbereitet.

Während dieser Periode wurde auch der Beitrag des Menschen zu den Umweltproblemen immer häufiger diskutiert, nachdem man sozusagen erkannt hatte, dass der Mensch nicht so unschuldig ist, wie man gedacht hatte. Zum Beispiel betonte George Perkins Marsh 1850 in einem

Buch die destruktiven Einwirkungen des Menschen auf die Natur. Zur selben Zeit entwickelte Ernst Häckel (1866), dessen Gedanken mit denen von Darwins weitgehend übereinstimmen, ein erstes Konzept von „Ökologie", wobei er Ökologie als „das Studium der wechselseitigen Beziehungen zwischen lebenden Organismen einerseits und biotischen und abiotischen Umgebungen andererseits" definierte. Diese Definition ruft letztlich nach einer holistischen (ganzheitlichen) Denkweise, die die Konsequenzen unserer Stellung im globalen Ökosystem erkennt: denn was auch immer wir in einem Teil des Systems tun, es wird Auswirkungen auf alle anderen Teile haben (Pepper, 1996). Dies stand dabei im Gegensatz zu einem strikten Individualismus mit seinem mechanistischen Ansatz, der im 19. Jahrhundert wesentlich verbreiteter war.

Ungefähr zu dieser Zeit sprachen auch Naturschriftsteller wie H. Thoreau (1817-1862) und John Muir (1838-1914) in Begriffen wie „Respekt der Natur gegenüber" und betonten die Bedeutung von Land und Landschaft. Obwohl sie von Anfang an bei ökonomischen Interessenvertretern wie Holzfabrikanten, Politikern usw. auf Widerstand gestoßen sind, traten sie entschieden dafür ein, dass wertvolle und einzigartige Regionen geschützt werden sollten. Inspiriert von diesen frühen Naturalisten wie Thoreau und Muir hat sich das Umweltbewusstsein allmählich in der westlichen Welt verbreitet. In Australien, Neuseeland und Kanada wurden Nationalparks eingerichtet und Großbritannien gründete die ersten auf den Naturschutz bezogenen Verbände wie die „Royal Society for the Protection of Birds" (1893) und den „National Trust" (1894).

Ähnlich wie Thoreau und Muir war im 20. Jahrhundert Aldo Leopold (1887-1948) der Ansicht, dass Wildnisse spirituelle Orte sind und ihr Verlust ein spiritueller Verlust für die Menschheit bedeute. Er leistete einen wichtigen Beitrag zur Entwicklung des Gedankens, dass der „Mensch nicht der Herr der Welt ist, sondern nur ein Teil der Natur"; und er stellte einen Zusammenhang mit der „Ethik" in der Beziehung Mensch-Natur her. Er glaubte, dass die Menschen unser ethisches Empfinden und unser Gefühl für Verantwortlichkeit, so wie wir sie auch untereinander pflegen, auch auf die Natur ausdehnen sollten. Insbesondere sein berühmter Artikel „The Land Ethic" (1949) lieferte eine Grundlage für den ökozentrischen Ansatz. Er forderte, dass ein Verhalten dann richtig sei, wenn es darauf abzielt, die Integrität, Stabilität und Schönheit der biotischen Gemeinschaft zu erhalten. Es sei falsch, wenn es das nicht tue (Leopold, 1949). Merchant (1992) wertet dies als die erste Formulierung einer modernen ökozentrierten Ethik.

Innerhalb von 100 Jahren hat eine kleine Anzahl besorgter Menschen viel dafür getan, das Umweltbewusstsein in der Gesellschaft zu erhöhen. Allerdings konnte bis zu den 1960er Jahren diese Besorgtheit für die Umwelt nicht in eine organisierte Bewegung umgemünzt werden. Ein Großteil der Literatur stimmt darin überein, dass als die Geburtsstunde der Umweltbewegung Rachel Carsons Buch „Silent Spring" zu betrachten sei (Taylor 2005: 112). Dieses Buch beschreibt die langsame, aber völlige Vergiftung der Umwelt durch Pestizide und im Besonderen durch DDT. Die Botschaft des Titels ist eindeutig: eines Tages wird es einen Frühling ohne neu erwachendes Leben geben. Carsons beschreibt detailliert, wie Chemikalien (wie das Insektizid DDT) in die Nahrungskette eingreifen und sich in den Fettzellen von Tieren und Menschen akkumulieren, was zu Krebs führen kann. Obwohl sie oft heftig kritisiert wurde und die chemische Industrie das Buch sogar verbieten lassen wollte, wurde aufgrund von Untersuchungen festgestellt, dass sie Recht hatte. DDT wurde daraufhin verboten, und auch die Auswirkungen anderer Chemikalien wurden näher unter die Lupe genommen. Einstmals waren Umweltprobleme nur die Sorgen einiger weniger Menschen. Aber mit dieser Veröffentlichung haben die Menschen verstanden, dass ihr eigenes Leben in Gefahr ist und Umweltfragen nicht länger ignoriert werden können. Deswegen kann zu Recht gesagt werden, dass die Umweltbewegung mit diesem berühmten Buch von Rachel Carson erst eigentlich geboren wurde.

Ähnlich wie Carsons argumentierte Garret Hardin in seinem Buch „Tragedy of Commons", in dem er aufzeigte, wie einzelne Menschen und Unternehmen das weltweite Ökosystem, das offen für alle sein sollte, ausschließlich für ihre eigenen Interessen ausbeuten und zerstören (Taylor 2005: 112). Er behandelt die Umwelt als eine „frei" verfügbare Ansammlung von Leistungen (Pepper 1996: 5). In seinem viel diskutierten Artikel „Living in a Life Boat" (1974) legt er dar, wie selbst die Entwicklungshilfe für die armen Länder der Dritten Welt eine Bevölkerungszunahme verursacht, die ihrerseits zu Umweltzerstörung und menschlichem Leiden führen kann (Hardin 1974). Und Paul Ehrlich (1968) warnte parallel zu dem Ansatz von Malthus vor der Möglichkeit einer unvermeidlichen Umweltkatastrophe, wenn das Bevölkerungswachstum nicht endlich und effektiv kontrolliert würde.

Diese Diskussionen sind wichtig, da sie die Gründung des „Club of Rome" vorbereitet haben. Deren erster Bericht „Grenzen des Wachstums" wurde 1972 veröffentlicht und beschreibt die Konsequenzen des Raubbaus an den natürlichen Ressourcen. Der Bericht beschreibt verschiedene Szenarien mithilfe von Modellanalysen mit fünf Variablen, nämlich: Technologie, Bevölkerung, Ernährung, natürliche Ressourcen und Nahrungsmittelproduktion. Obwohl die „Grenzen des Wachstums" heftig kritisiert wurden, wurde darin doch zum ersten Mal die Idee propagiert, dass die Entwicklung der Wirtschaft in Balance mit dem begrenzten Vorrat an natürlichen Ressourcen vonstatten gehen sollte.

Angesichts des schnellen Anstiegs von Umweltproblemen und der neuen Erkenntnisse zu den Zusammenhängen zwischen Wirtschaftsweise und Naturhaushalt, die auf den Ergebnissen des Club of Rome fußen, kam es im Juni 1972 in Stockholm zur berühmten Umweltkonferenz der United Nations. Dies war das erste Treffen, auf dem die Umwelt auf internationalem Niveau zu einer Angelegenheit von höherer Bedeutung gemacht wurde. Diese Konferenz hat Entwicklungsländer und entwickelte Länder zusammengebracht, um eine gemeinsame Perspektive und gemeinsame Prinzipien für die Erhaltung und Verbesserung der Umwelt zu entwickeln. Lokale und nationale Regierungen würden dabei die größten Belastungen für eine weit gespannte Umweltpolitik und (entsprechende) Maßnahmen in ihren Zuständigkeitsbereichen zu tragen haben. Ein wachsender Bereich von Umweltproblemen erfordert die intensive Kooperation unter den Nationen und ein Handeln internationaler Organisationen zum allgemeinen Wohl, weil diese

Probleme lokal und regional nicht einzugrenzen sind und den allgemeinen internationalen Raum betreffen. Die Konferenz rief die Regierungen und Völker dazu auf, ihre Anstrengungen für die Erhaltung und Verbesserung der menschlichen Umwelt zu erhöhen – nicht zuletzt auch zum Wohle unserer Nachwelt.

Auch zahlreiche Nicht-Regierungs-Organisationen (NGOs), die sich hauptsächlich mit Umweltfragen beschäftigen, sowie neue soziale Bewegungen mit ökologischer Ausrichtung entstanden in jenen Jahren. Die internationale Umweltschutzbewegung begann ihre eigenen Problemfelder zu definieren. Von nun an wurde die Notwendigkeit, die Umwelt zu schützen und zu verbessern, Umweltproblemen vorzubeugen und den Eigenwert der Natur zu respektieren, von einer immer größeren Anzahl von Menschen in verschiedenen Ländern akzeptiert. In den 1960er Jahren herrschte eine große Besorgnis wegen der Nuklearwaffen und wegen der Atomkraftwerke. Um diese Probleme zu bewältigen, wurden 1971 Umwelt-Interessenverbände wie „Greenpeace" und „Friends of the Earth" gegründet, die radikale und direkte Maßnahmen gegen die Umweltzerstörung fordern und zum Teil auch selbst ergreifen. Solche Bewegungen bildeten einen der Faktoren, die das öffentliche Bewusstsein für Umweltprobleme genährt haben.

Überall in der Welt förderten grüne politische Aktivisten die Gründung von Grünen Parteien. Dies ermutigte die Umweltschützer zusätzlich und es kam zu einer weiten Politisierung von Umweltschutzbewegungen, z. B. in Deutschland, die bereits mehrmals auch Regierungsverantwortung auf der Länder- und Bundesebene übernommen haben.

Diese Entwicklung hat viele Unterstützer rund um den Globus gefunden, insbesondere bei jungen und gebildeten Menschen (Tekeli 2000: 3). Während in den 1970er Jahren der Glauben weit verbreitet war, dass Umweltprobleme vor allem durch den wissenschaftlichen und technologischen Fortschritt erzeugt würden, wurde es in den 1980er Jahren offensichtlich, dass viele Umweltprobleme mehr mit der Gesellschaft und gesellschaftlichen Erscheinungen in Beziehung stehen, als dass sie nur das Resultat eines bestimmten wissenschaftlich-technischen Naturverständnisses sind. Die bestimmenden politischen Verhältnisse der 1980er Jahre waren der Zusammenbruch des Ostblocks und das Ende der Polarisierung zwischen westlichen und kommunistischen Ländern.

Die Situation gestaltete sich allerdings anders in den Entwicklungsländern, die nur ein geringes Wachstum in den Einkommen verzeichnen konnten. Etwas gegen den Kreislauf der Armut zu unternehmen, wurde insbesondere zu einer Herausforderung, als sich nicht nur das Bevölkerungswachstum in den Entwicklungsländern beschleunigte, sondern auch eine wachsende Anzahl armer Menschen vom Lande in die Städte zog. Die Zahl der Flüchtlinge hatte sich nahezu verdoppelt. Als die Stadtbevölkerung weiter anwuchs, waren die Städte nicht in der Lage, sich mit ihrer materiellen Infrastruktur den neuen Erfordernissen anzupassen. Außerdem hat in den 1980er Jahren eine Reihe katastrophaler Ereignisse (etwa die Explosion des Kernkraftwerkes in Tschernobyl oder die durch den Öltanker „Exxon Valdez" verursachte Ölkatastrophe) dauerhafte Auswirkungen auf die Umwelt und die menschliche Gesundheit hinterlassen.

Diese Situation führte zu der Einsicht, dass Umweltprobleme systemischer Natur sind und dass ihre Lösung langfristige Strategien, ganzheitliches Handeln und die Zusammenarbeit aller Länder und aller Mitglieder der Gesellschaft erfordert. Diese Erkenntnis spiegelte sich auch in dem Bericht der „United Nations World Commission on Environment and Development" (WCED), „Our Common Future" (1987), wider, der einen weiteren wichtigen Meilenstein in dieser Umweltdiskussion darstellt. Der Bericht analysierte die Beziehungen zwischen Umweltzerstörung und Ökonomie in einem weltweiten Maßstab. Öffentliche Veranstaltungen wurden in entwickelten und sich entwickelnden Regionen abgehalten, und diese erlaubten den verschiedenen Umweltgruppen, ihre Ansichten zu bestimmten Themen wie Landwirtschaft, Forstwirtschaft, Wasser, Energie, Technologietransfer und nachhaltige Entwicklung zu artikulieren. Der Begriff „nachhaltige Entwicklung" wurde dabei als ein neues Paradigma und definiert: als eine Entwicklung, die die Bedürfnisse der

Gegenwart befriedigt, ohne die Fähigkeit zukünftiger Generationen, ihren Bedarf zu decken, einzuschränken.

Die UN-Kommission diskutierte die neuen Umweltprobleme wie die globale Klimaerwärmung und die Abnahme der Ozonschicht und kam zu dem Schluss: bestehende Strukturen der Entscheidungsfindung und institutionelle Maßnahmen auf nationaler und internationaler Ebene werden nicht den Anforderungen einer nachhaltigen Entwicklung gerecht. Demzufolge sei es notwendig, den Nichtregierungssektor zu stärken und viele neue Organisationen, die sich für Umwelt und Entwicklung engagieren, zu unterstützen. Damit hatte eine paradigmatische Verlagerung vom Ökozentrismus zum Anthropozentrismus stattgefunden, die sich zwischen zwei Extremen abspielt: dem egozentrischen und dem ökozentrischen Ansatz.

Eine zweite Konferenz, auf der das Prinzip der „Nachhaltigkeit" näher bestimmt wurde, fand 1992 auf dem Umweltgipfel in Rio statt. Ziel war es, darüber zu entscheiden, was für eine weltweite Anwendung des „Prinzips der nachhaltigen Entwicklung" getan werden muss. Die Konferenzteilnehmer strichen heraus, auf welche Weise Umweltprobleme mit der Wirtschaft und mit Fragen der sozialen Gerechtigkeit verknüpft sind. Sie stimmten darin überein, die globale Erwärmung zu bekämpfen, die Artenvielfalt zu schützen und den Gebrauch gefährlicher Chemikalien zu stoppen. Diese Absichtserklärung wurde bislang mit recht unterschiedlichem Erfolg von den Mitgliedsstaaten in die Realität umgesetzt. Länder, deren Wirtschaft vom Öl abhängig ist (wie die USA und Saudi Arabien), haben es überhaupt abgelehnt, das Protokoll zu unterzeichnen; insbesondere im Falle der USA entsprach dies ihrer Tradition, die Zustimmung zu allen allzu bindenden Verträgen im Hinblick auf Kohlenstoffemissionen zu verweigern.

Zehn Jahre nach dem Umweltgipfel in Rio wurde 2002 der Umweltgipfel in Johannesburg abgehalten, dessen Ziel es war, die Angemessenheit der Strategien zur nachhaltigen Entwicklung, wie sie in Rio festgelegt wurden, zu evaluieren. Konkrete Entscheidungen wurden getroffen wie etwa „bis 2005 die Zahl der Menschen in der Welt, die über keine elementaren sanitären Einrichtungen verfügen, zu halbieren". Insgesamt wurden fünf Problembereiche identifiziert: Wasser und Abwasser, Energie, Gesundheit, Landwirtschaft und Artenvielfalt. Nachdem die entwickelten Länder (die Länder der Europäischen Union und die USA) in den vorangegangenen Gipfeln in Stockholm, Rio und Kyoto den Ton angeben hatten, waren es auf diesem Gipfel die Entwicklungsländer, die sich des Missverhältnisses zwischen Ressourcenverbrauch und des Anteils der entwickelten Länder zur Umweltverschmutzung bewusst wurden. Sie erreichten nunmehr, dass ihren Interessen mehr Aufmerksamkeit gewidmet wurde. Dennoch widersetzten sich die USA, Japan und die international operierenden Ölfirmen einmal mehr der Förderung erneuerbarer Energien zugunsten ihrer eigenen ökonomischen Interessen an der Ausbeutung fossiler Brennstoffe.

Die grundlegenden Annahmen einer allgemeinen umweltgemäßen Weltsicht können vielleicht folgendermaßen zusammengefasst werden:

- Die zerstörerischen Auswirkungen der Umweltprobleme sind in den entwickelten Ländern wie in den Entwicklungsländern bereits stark zu beobachten;
- viele Individuen in den gegenwärtigen Gesellschaften haben bereits ein relativ hohes Umweltbewusstsein erreicht, so dass Veränderungen in ihrer Wahrnehmung und ihren Einstellungen gegenüber der Umwelt erwartet werden können;
- grundlegende Umweltprogramme hinsichtlich des vernünftigen Verbrauchs natürlicher Ressourcen in der Gegenwart und für zukünftige Generationen wurden ins Werk gesetzt;
- das Verursacherprinzip und die Vermeidung von Umweltverschmutzung anstelle einer Sanierung der Natur nach ihrer Kontamination werden weltweit akzeptiert;
- der Begriff „nachhaltige Entwicklung" wurde zu einem neuen Paradigma;
- die Dringlichkeit zum entschlossenen Handeln wurde allgemein erkannt.

Der letzte Punkt soll im Weiteren noch etwas näher behandelt werden. Es ist offensichtlich, dass sich bisher noch nicht allzu viel verändert hat. Immer mehr Menschen akzeptieren, dass Umweltprobleme von den Menschen verursacht werden und deshalb die Umwelt vor und vom Menschen geschützt werden sollte. Jedoch ist es immer noch nicht klar bzw. besteht wie vor 150 Jahren noch keine Einigkeit darüber, warum die Umwelt wirksam geschützt werden sollte. Etwa aus dem Grund, weil sie uns Nahrung, Energie und andere wichtige Güter (Rohstoffe) zur Verfügung stellt, die wir zum Überleben nun einmal brauchen? Oder sollte sie geschützt werden, weil sie einen Wert in sich selbst besitzt? Diese „Wertfrage" zielt ins Zentrum umweltethischer Reflexionen. Und mehr denn je ist es wichtig zu erkennen, an welchem kritischen Scheideweg wir uns derzeit befinden.

Zusammenfassend kann gesagt werden, dass die mechanistische Weltsicht, wie sie während des siebzehnten Jahrhundert geschaffen wurde, die Welt als eine Maschine erscheinen lässt, die aus untereinander austauschbaren Atomen besteht und von Menschen manipuliert werden kann. Von diesem Ansatz her ist es legitim, von der Natur als einer Ware und rein zum Nutzen und Wohlergehen des Menschen Gebrauch zu machen. Diese mechanistische Denkweise, verbunden mit dem Industriekapitalismus, bildet die Quelle vieler Umweltprobleme. Zunehmend wurde die mechanistische Weltsicht, die ein Produkt des Frühkapitalismus ist, ersetzt durch eine ökozentrische Weltsicht, die eher holistisch ist, indem sie die Bedeutung des Ganzen gegenüber den Teilen betont und den Menschen nicht von der Umwelt trennt, nachdem die Welt in wachsendem Maß mit Umweltproblemen konfrontiert wurde. Das ökologische Paradigma bedingt dabei eine neue Ethik, in der alle Teile des Ökosystems einschließlich der Menschen grundsätzlich alle denselben Wert besitzen; und die daher den immanenten Wert jedes Naturwesens anerkennt.

Kontrollfragen IV

(1) Entwirf ein Szenario zu einem bestimmten Umweltproblem und erörtere an diesem Beispiel das Verhältnis der Menschen zur Natur – das zweischneidige Vermögen, entweder die Natur zu zerstören oder zu schützen (Auswirkungen auf die Natur)!

(2) Nenne Beispiele für dein eigenes Umweltverhalten aus dem Alltagsleben!

(3) Was sind deine Vorschläge für Maßnahmen zur Erhöhung des Umweltbewusstseins, um unsere Verantwortlichkeit gegenüber der Natur zu erkennen und wirksam werden zu lassen?

(4) Was denkst du über die Lebensdauer der Erde, wenn die Konsumgewohnheiten unverändert beibehalten werden?

(5) Kannst du ein Beispiel für die Auswirkungen verschiedener Kulturen auf das Umweltverhalten nennen?

1.5 Zielsetzung und Vorgehensweise

Dieses Buch soll dazu dienen, auf verschiedene Aspekte der Natur hinzuweisen: insbesondere geht es darum, wissenschaftlich gesichertes Umweltwissen, das Verständnis für Umweltprobleme und die Überlegungen der Umweltethik miteinander in Einklang zu bringen. Das heißt: es werden grundlegende Fakten darüber, wie natürliche Ökosysteme funktionieren, und technische Aspekte der Umweltverschmutzung sowie Kontrollpraktiken mit der philosophischen Behandlung im Hinblick auf einen möglichen immanenten Wert der Natur und in Hinsicht auf unsere Verpflichtungen anderen Lebewesen und zukünftigen Generationen gegenüber in einen Zusammenhang gebracht.

Die nachhaltige Entwicklung hat bereits jetzt oberste Priorität in der Umweltpolitik der meisten Länder. Es ist offensichtlich, dass es sehr schwer fallen wird, eine nachhaltige Entwicklung in diesem Sinne zu erreichen, außer wenn sie mit umweltethischen Ansätzen in Einklang gebracht werden kann. Deshalb ist die Integration von Ethik und Umweltpolitik zwingend.

Das vorliegende Buch soll dabei helfen herauszufinden, welches die Grundlagen für unsere ethischen Standards sein sollten und – noch wichtiger – es soll den Umweltexperten anleiten, wie er diese Standards in spezifischen Situationen, denen er begegnet, anwenden kann, um zu einer Verhütung von Umweltproblemen beizutragen, indem wir im Voraus entsprechende umweltethische Entscheidungen treffen. Angemessene ethische Entscheidungen erfordern zum einen empirisches Umweltwissen (Wissen über das Ökosystem: wie alle Teile miteinander verbunden sind) und zum andern Sensibilität gegenüber ethischen Fragen. Dieses Buch will Wissen und die ethische Reflexion miteinander verbinden.

Literatur

Botkin, Daniel / Keller, Edward (2005): *Environmental Science.* USA.
Chapman, Deborah (1992): *Water Quality Assessments.* Cambridge.
Ewert, A / Galloway, G. (2005): Expressed environmental attitudes and actual behaviour: Exploring the concept of environmentally-desirable responses'. Refereed conference abstract, *10th International Symposium on Society and Resource Management.* Colorado, USA.
http://www.visionlearning.com/library/module_viewer.php?mid=107
Klare, Michäl (2008): The crisis and the environment. In: Global Policy Forum. http://www.globalpolicy.org/social-and-economic-policy/the-environment/general-analysis-on-the-environment/44082.html
Marsh, William / Grossa, John (2005): *Environmental Geopgraphy: Science, Landuse and Earth Systems.* USA.
Merchant, Carolyn (1992): *Radical Ecology.* New York.

Olli, E. / G. Grendstadt, G. / Wollebäk, D. (2001): Correlates of environmental behaviors: Bringing back social context. In: *Environment and Behavior*. Bd. 33, S. 181-208.

Pepper, David (1996): *Modern Environmentalism*. London and New York.

Raven, Peter / Berg, Linda (2006): *Environment*. USA.

Ray, Bill (1995): *Environmental Engineering*. USA.

Simonnet, D. (1982): *L'ecologisme,* PUF, Paris.

Stocks, Kevin / Steve, Albrecht (1993): Ethical Dilemmas-The Ethical Environment, (http://findarticles.com/p/articles/mi_m4153/is_n3_v50/ai_14535031/)

Strategic Plan for the U.S. Climate Change Science Programme 2003 (http://www.climatescience.gov/Library/stratplan2003/final/ccspstratplan2003-chap6.pdf)

Sutherland, William/others (2008): Future novel threats and opprtunities facing UK biodiversity identified by horizon scanning. In: *Journal of Applied Ecology*. Bd. 45, S. 821-833.

Taylor, B. (Ed. in Chief) (2005), *The Encyclopedia of Religion and Nature*. Continuum International.

Tekeli, İlhan (2000): Türkiye Çevre Tarihçiliğine Açılırken', *Türkiye'de çevrenin ve çevre korumanın tarihi sempozyumu* bildiri metinleri, Ed. Z. Boratav, Türk Tarih Vakfı Yayınları, İstanbul, S. 1-13.

Vesilind, Aarne / Morgan, Susan (2004): *Introduction to Environmental Engineering*. USA.

Wikipedia: http://en.wikipedia.org/wiki/Ecological_crisis

Literaturvorschläge

www.wiley.com/college/raven

http://www.unesco.org/water/wwap/wwdr/wwdr2/pdf/wwdr2_ch_4.pdf

2. Ethik – Die Suche nach Entscheidungskriterien
Kees Vromans

Hauptziele dieses Kapitels

(1) Der Lernende soll verstehen lernen, um was es in der Ethik überhaupt geht.

(2) Ausgehend von einer Arbeitsdefinition für die Ethik lernt er drei grundlegende Ethikansätze aus der Philosophiegeschichte sowie die Bedeutung von Normen und Werten kennen, und er versteht, wie eine korrekte moralische Argumentation durchgeführt wird (Lektion 1).

(3) Darüber hinaus lernt er, mit Hilfe eines Stufenmodells ein moralisches Problem zu beschreiben und zu analysieren, so dass er in die Lage versetzt wird, dieses zu bewerten und zu begründen (Lektion 2).

Schließlich wird ihm ein erster Begriff von Umweltethik vermittelt (Lektion 3).

2.1 Lektion 1: Unterwegs zu einer Arbeitsdefinition

Lernziele dieses Abschnitts

Nachdem der Lernende diese Lektion beendet hat,

- kann er den Ursprung der Ethik in der Geschichte des griechischen Denkens verorten;
- ist er sich des ethischen Denkens als ein eigenständigen Weg, die Welt zu sehen, bewusst;
- kann er eine Definition von Ethik geben;
- kann er drei verschiedene Arten von Ethik unterscheiden: deskriptive, normative und Meta-Ethik;
- kann er innerhalb der normativen Ethik zwei Arten ethischer Argumentation unterscheiden: die utilitaristische und die deontologische Ethik;
- kann er zwischen intrinsischen oder extrinsischen (funktionalen) Werten unterscheiden.

> **Zur Einführung:**
>
> **EIN PLACEBO VERSCHREIBEN**
>
> In einem Interview werden Ärzte und andere Personen, die in einem medizinischen Gebiet arbeiten, mit der Frage konfrontiert, ob es gut oder nicht so gut ist, ein Placebo zu verschreiben. Ein Arzt legt dar, dass einige seiner Patienten nur dann mit ihm zufrieden sind, wenn er ihnen etwas verschreibt, obwohl ein Medikament eigentlich nicht notwendig ist. Um also den Patienten zu beruhigen, verschreibt er ihm ein Placebo, das als solches völlig unwirksam ist.
>   Ein Interviewer fragt ihn, warum er ein Placebo verschreibt. Der Arzt sagt, dass er dem Patienten helfen wolle. Er möchte ihn nicht ohne Hilfe lassen. Der Interviewer fragt, was er dem Patienten sagt, wenn dieser ihn fragt, was für eine Art von Medikament er ihm verschreibt. Der Arzt teilt ihm mit, dass das Medikament einen So-und-so-Wirkstoff enthält, der ihm hilft, gesund zu werden. Der Interviewer fragt, ob er die Patienten damit nicht eigentlich beschwindelt? Sollte er nicht immer die Wahrheit sagen?
>   Der Arzt hat kein Problem damit, weil er dem Patienten damit aus seiner Sicht hilft. Auch der Glaube an ein Medikament könne helfen. Das Mittel schade dem Patienten jedenfalls nicht. Auf die Frage, ob der Patient dafür zu zahlen habe, antwortet der Arzt, dass man, wenn man eine heilsame Wirkung erreichen wolle, von dem Patienten auch für ein an sich wirkungsloses Mittel eine Bezahlung verlangen müsse, um den Glauben an das Mittel aufrecht zu erhalten. Wenn man ihm sagen würde, dass er nichts zu bezahlen habe, weil kein eigentlicher Wirkstoff in dem Medikament enthalten sei, dann hätte die Verschreibung des Placebos auch keine Wirkung.
>   Handelt der Arzt im moralischen Sinne richtig, wenn er sich so verhält?

Es gibt viele Arten von Problemen: etwa soziale, ökonomische, psychologische und ökologische Probleme. Manchmal ist es unmittelbar klar, dass wir es mit einem ethischen Problem zu tun haben, mit einem moralischen Dilemma. Wir erkennen das intuitiv. Um jedoch besser zu verstehen, welche Probleme ethischer Natur sind, müssen wir mehr über Ethik und Philosophie lernen.

    In der ersten Lektion werden wir zunächst in die Geschichte der griechischen Philosophie zurückgehen, zu den Wurzeln der Ethik Wir werden die Ethik anderen Fachrichtungen gegenüberstellen und werden darstellen, dass ethisches Denken eine spezielle Art von Weltanschauung ist (eine besondere Art, die Welt zu sehen). In der Gegenüberstellung mit anderen Fachrichtungen entwerfen wir eine erste Arbeitsdefinition von Ethik. Diese Definition soll uns den Weg bereiten zu einer der drei Arten von Ethik: zur normativen Ethik. Diese Ethik stützt sich auf eine moralische Argumentation und hat es mit dem Abklären unserer Werte zu tun.

Insgesamt gibt es zwei Arten von Werten und drei Arten von ethischer Theorie. Sie können uns als Werkzeuge dienen. Überall in der Praxis stoßen wir auf moralische Dilemmata und ethische Probleme: etwa in der Zeitung und im Fernsehen, aber auch in unseren alltäglichen Gesprächen.

Eine Arbeitsdefinition von Ethik

„Philosophie" kommt von dem griechischen Wort *phileîn* („lieben") und *sophía* („Weisheit"). Philosophen lieben die Weisheit: sie suchen nach Weisheit und Wahrheit. Einige von ihnen sagen, am Beginn der Philosophie steht das Wissen-Wollen, steht die Frage nach dem Wesen der Welt. Die ersten dieser Denker waren Naturphilosophen. Alle Bücher über die Geschichte der griechischen Philosophie fangen daher mit Thales von Milet an.

Nach der Naturphilosophie kommt die Metaphysik. „Meta" ist ebenfalls griechisch und bedeutet „über"; es bedeutet auch „dahinter" und „nach". Es wird gesagt, dass das Wort „Metaphysik" seinen Ursprung schlicht der Tatsache verdankt, dass der entsprechende Teil von Aristoteles Werk direkt nach jenem Abschnitt kommt, der „Physik" genannt wird. Wahrscheinlich gewann der Ausdruck an Akzeptanz durch die Bezeichnung des Teils der Philosophie, der sich mit dem beschäftigt, was jenseits der Natur (*Physis*) liegt und die „wahre Natur" der Dinge betrifft, die ultimative Essenz und den Ursprung allen Seins.

Aristoteles war der erste, der eine ernsthafte und systematische Studie moralischer Prinzipien durchgeführt hat und diese nannte er „Ethik". Daher ist Ethik ebenfalls ein Teil der griechischen Philosophie.

Für die Griechen bestand Philosophie in der Lösung von theoretischen und praktischen Problemen durch systematisches und vernünftiges Denken.

Es gibt alle möglichen Definitionen von Ethik. Hier suchen wir nach einer Arbeitsdefinition und sind zunächst mit einer Definition zufrieden, die dafür benutzt werden kann, um grundsätzliche Fragen zum Wesen und zur Rechtfertigung menschliches Handeln zu stellen. In der Ethik denken Menschen über ihr Handeln nach. Sie fragen danach, was richtig und falsch ist. Eine mögliche Beschreibung von Ethik ist:

ETHIK IST DAS SYSTEMATISCHE NACHDENKEN ÜBER DAS HANDELN VON MENSCHEN, AUSGEHEND VON DER FRAGE, OB EINE HANDLUNG ALS GUT ODER NICHT GUT ZU BEURTEILEN IST.

Die Frage, ob eine menschliche Tat als gut zu beurteilen ist oder nicht, kann natürlich auch von anderen Fachdisziplinen gestellt werden, wie etwa von der Ökonomie, der Soziologie oder der Psychologie. Alle diese Wissenschaften wollen bestimmte, für die menschliche Gesellschaft wichtige Werte definieren und verwirklichen.

> Frag dich selbst oder die Mitglieder deiner Gruppe nach den Werten, die für die Ökonomie von Bedeutung sind.
> Frag sodann nach den Werten von jemandem, der Gesetze macht; dann nach den Werten von jemandem, der für soziologische Studien verantwortlich ist.
> Wenn du möchtest, so kannst du noch andere Fachrichtungen oder Wissensbereiche dazunehmen. Du wirst eine Liste mit recht unterschiedlichen Werten erhalten.
> Wie du sehen kannst, eine Liste sich *widersprechender* Werte.

Was ist das Besondere an der Ethik? Warum ist sie eine besondere Art, die Realität zu sehen?

Ethik möchte dazu beitragen, das höchste Gut zu erkennen und zu verwirklichen. Ethik kommt immer dann ins Spiel, wenn die Werte unterschiedlicher Fachrichtungen oder Werte einer bestimmten Fachrichtung sich untereinander widersprechen. Ethische Fragen werden gestellt, wenn es zu einem Konflikt zwischen den Werten kommt. Das Wählen unter verschiedenen Werten wird zum Problem.

Ich bin mit Fragen konfrontiert wie: Was soll ich tun? Welcher Wert ist der wichtigste? Ergibt sich am Ende auch das „Gute", auf das alle Handlungen hinauswollen? Die Betrachtung widersprüchlicher Werte führt uns zu einer genaueren Arbeitsdefinition von Ethik:

ETHIK IST DAS SYSTEMATISCHE NACHDENKEN ÜBER DAS MENSCHLICHE HANDELN, AUSGEHEND VON DER FRAGE, OB IM ENDRESULTAT EINE HANDLUNG ALS GUT ODER NICHT GUT ZU BEURTEILEN IST.

Drei Arten von Ethik

Viele Menschen haben über das menschliche Handeln nachgedacht. Es lassen sich drei Arten von Ethik unterscheiden:

1. Beschreibende Ethik
Diese Art von Ethik beschreibt, was Menschen tatsächlich tun, wie Menschen denken oder wie sie über das, was Gut und Nicht-Gut ist, gedacht haben. Sie beschreibt Fakten. Diese Art von Ethik ist in der Anthropologie, Geschichte und Psychologie verbreitet.

2. Normative Ethik
Diese Art von Ethik versucht herauszufinden, was Menschen tun *sollten*. Es ist der rationale Versuch zu entscheiden, wo die Grenzen menschlichen Handelns liegen, was die Normen und Werte für menschliches Handeln sind, die Menschen verfolgen oder verfolgen *sollten*. Normative

Ethik ist handlungsanweisend oder präskriptiv. Die normative Ethik ist die Art von Ethik, mit der man oft eine didaktische Einführung in die Ethik beginnt: Die Studierenden sollen sich ihrer eigenen Werte bewusst werden und sie erörtern.

3. Meta-Ethik
Hier geht es um das analytische und kritische Nachdenken über normative Ethik – ihre Begründung und Rechtfertigung. Die Meta-Ethik versucht, Fragen zu diskutieren wie: Was verstehen normative Theorien unter „gut" und „richtig"? Und was bedeutet überhaupt der Ausdruck „Wert"?

Normative Ethik

Wenn du dich mit normativer Ethik beschäftigst, versuchst du herauszufinden, was Menschen tun sollten, was die moralischen Grundlagen des menschlichen Verhaltens sind (Normen) und was sie anstreben sollten (Ziele). Das Studium der normativen Ethik hat in der Geschichte der Philosophie zu drei Haupttheorien oder Theoriegruppen geführt. Jede Gruppe hat ihre eigenen Argumente dafür, menschliches Verhalten als gut oder nicht-gut auszuzeichnen.

Haupttheorien

Die wichtigsten zwei Gruppen von Theorien sind die teleologischen und die deontologischen Theorien. Einige Philosophen bestehen darauf, noch eine dritte hinzuzufügen: die Ethik der Tugend.

2.1.1 Teleologische Theorien

Diese Theorien betonen die Wirkung, das Resultat und die Folgen einer menschlichen Handlung. Der Ausdruck „teleologisch" kommt von dem griechischen Wort „telos". Dieses bedeutet „Ziel". Vereinfacht ausgedrückt, könnte man von einer Ziel-Ethik sprechen. Die vielleicht bedeutendste teleologische Theorie ist der *Utilitarismus*. Der Utilitarismus sucht nach dem Kriterium für die gute oder schlechte Natur der menschlichen Handlung in dem Nutzen oder Schaden, der durch diese Handlung verursacht wird. Die Handlung sollte nicht nur dem Handelnden nutzen, sondern auch anderen beteiligten Personen. Eine bedeutsame Frage ist, wer an einer bestimmten Handlung (bzw. an ihren Auswirkungen) beteiligt oder von ihr betroffen ist. Wenn eine Handlung der Mehrheit der Beteiligten nützt, ist die Handlung als „gut" einzustufen. Wenn die Handlung den meisten Menschen eher schadet, ist sie als „nicht gut" zu bewerten.

Nach dem Gründervater des Utilitarismus, Jeremy Bentham (1748-1832), bedeuten Nutzen und Schaden dasselbe wie Schmerz und Lust. Diese Affekte bestimmen die Handlungen der Menschen. Benthams individualistische Theorie dreht sich darum, wie man das größtmögliche Glück für die Mehrzahl der Menschen erreichen kann.

John Stuart Mill (1806-1873) ist hingegen Befürworter eines mehr sozialen Utilitarismus. Jeder Einzelne sollte dabei mithelfen, das größtmögliche Glück für die Mehrheit oder die menschliche Gesellschaft zu verwirklichen. John Stuart Mill lebte in England zur Zeit der Industrialisierung. Das britische Empire beherrschte damals die Weltmeere. Die Lebenssituation der Arbeiter war im Allgemeinen sehr schlecht: Es gab keine anständigen Wohnungen, keine Gesundheitsversorgung, keine Bildung für sie. John Stuart Mill setzte sich daher für die „Aufklärung" der Arbeiter ein.

Kannst du dir die Argumente für seinen Standpunkt denken, indem du von einer utilitaristischen Argumentation ausgehst?
Denk dabei an das Ziel, „das größtmögliche Glück für die Mehrheit" zu erreichen!

2.1.2 Deontologische Theorien

Theorien dieses Typs legen für die moralische Bewertung von menschlichen Handlungen den Schwerpunkt hingegen nicht auf die Folgen. Sie fragen vielmehr danach, was die richtige Norm für das Handeln ist. Die ethische Frage „Was soll(te) ich tun?" wird hier nach der Absicht des Akteurs beurteilt, nach dem, was er oder sie für seine/ihre Pflicht hält. Das griechische Wort für Pflicht ist „deon". Deontologische Philosophen argumentieren, dass eine Handlung dann richtig ist, wenn sie gemäß einem moralischen Prinzip, d. h. nach einem bestimmten Erfordernis oder einer bestimmten Norm vollzogen wird.

Der Philosoph Immanuel Kant (1724-1804) kann als der Stammvater der Deontologie angesehen werden. Er lebte in Königsberg. Das Einzige, was die Richtigkeit oder moralische Güte einer Handlung bestimmt, ist der gute Wille, die gute Absicht. Wichtig ist also die Natur unserer Motive und Intentionen. Nach Kant lernen wir, was der gute Wille ist, wenn wir unsere Pflichten erkennen und erfüllen.

Kant argumentiert, dass universelle moralische Regeln den Handlungen vorgeschaltet sind. Er bezeichnet diese moralischen Pflichten als „Maximen". Eine Maxime ist eine Lebensregel, eine Art Aufforderung, eine Norm oder ein Prinzip, eine Pflicht eben. Eine Handlung kann nur dann moralisch richtig sein, wenn sie auf einer gültigen moralischen Regel basiert. Um nun zu überprüfen, ob auch diese Lebensregel selbst – und damit auch die auf sie aufbauende Handlung – moralisch gültig ist, bietet Kant ein allgemeines Kriterium an. Er argumentiert, dass wir die Lebensregel universell verallgemeinern können müssen. Wir wissen, was unsere Pflicht ist, wenn wir uns selbst die Frage stellen: „Möchte ich, dass jeder genauso handelt, wie ich es jetzt unter diesen Umständen beabsichtige zu tun?"

Kants „kategorischer Imperativ" ist geboren: Handle nur nach jener Maxime, von der du möchtest, dass sie ein allgemeingültiges Gesetz des Handelns sein sollte. Als nächstes versucht Kant nachzuweisen, dass solch ein universelles Gesetz überhaupt existiert. Um zu zeigen, dass es ein solches universelles Gesetz gibt, das unabhängig von unseren Zielen und abgelöst von den Folgen unseres Handelns existiert, muss er nachweisen, dass es Ziele gibt, die in sich selbst Zweck sind. Nach Kant ist „jeder Mensch ein solcher Zweck an sich selbst". Der Mensch ist von sich aus gut, von seinem Wesen her gut, insofern er in sich ein „Sittengesetz" besitzt, das von dem kategorischen Imperativ her bestimmt wird. Er bietet hierfür die folgende neue Formulierung für den kategorischen Imperativ an:

„Handle so, dass die Menschlichkeit in deiner eigenen Person und in jeder anderen Person als Zweck und nicht nur als Mittel angesehen wird."
(Kant, Grundlegung zur Metaphysik der Sitten, 1785)

Für Kant ist eine Lebensregel, eine Maxime, also nur dann gültig, wenn sie dem kategorischen Imperativ standhält. Kann die Norm, das Prinzip, als ein universelles Gesetz angesehen werden und verletzt es nicht die Würde des Menschen (weder deine eigene noch die jedes anderen), dann ist die Norm, das Prinzip, ein moralisch gültiges Prinzip. Nur eine Handlung gemäß diesem Prinzip ist moralisch richtig.

2.1.3 Tugendethik

Tugendethik ist nach der *Stanford Encyclopedia of Philosophy* eine von drei Hauptansätzen innerhalb der normativen Ethik. Sie kann als eine Morallehre bezeichnet werden, die auf Tugenden Wert legt oder auf die Moralität des Charakters. Sie steht damit im Gegensatz zu Vorstellungen, die entweder die Pflichten oder Regeln betonen (Deontologie) oder die Folgen von Handlungen hervorheben (Utilitarismus bzw. Konsequentialismus).

Im Zentrum der Tugendethik steht das „menschliche Wohlergehen" (Glück) im Rahmen allgemeiner sozialer Rücksichtnahmen: Für eine Person und die Gesellschaft insgesamt wird die Glückseligkeit („Eudämonie") dadurch erreicht, dass jemand bzw. alle Bürger ein tugendhaftes, ein anständiges Leben führen. Um zu erfahren, was unter Tugenden (wie Wahrhaftigkeit oder Hilfsbereitschaft) genau verstanden wird, kannst du in der Wikipedia unter dem Stichwort „Tugenden" nachschauen.

Normen und Werte

Wir benutzen in unserem Buch die Begriffe „Norm" und „Wert". Viele Philosophen haben über Normen, Regeln und Werte geschrieben. Eine Norm beschreibt, was wir in einer bestimmten Situation tun oder was wir nicht tun sollen. Ein Wert ist etwas, das wir für gut halten und das wir anstreben wollen.

> Um mehr über Ethik und Philosophie zu lernen, kannst du mit der *Stanford Encyclopaedia of Philosophy* (SEP) beginnen.
> Du kannst dort etwa nach den Namen Thales, Aristoteles, Kant, Mill and Bentham suchen. Du kannst dort auch Informationen über „Konsequentialismus" und „Deontologie" finden.
> Du kannst auch folgende Seite besuchen:
> http://www.freedomainradio.com/videos.html (Videos)
> Der Stanford Universität zugehörig ist auch http://www.philosophytalk.org
> Seit dem 13. Januar 2004 wird dort jede Woche ein spezielles Thema behandelt, die alle noch verfügbar sind
> Und vergiss auch nicht, folgende Seite zu besuchen:
> http://www.angelfire.com/ego/philosophyradio
> und erkunde die dort angegebenen Links. So findet man etwa:
> http://www.criticalthinking.net.au/us.html
> Alleine wegen der Cartoons und Quizz-Spiele lohnt es sich, dieses „Philosophy & Reasoning Network" zu besuchen.
> Mit den Regeln und Normen hat es etwas Merkwürdiges auf sich. Kant selbst hat kaum irgendwelche Beispiele angeführt. Er hat nur einige formale Erklärungen ange-

> geben, wie du von deiner eigenen Maxime zu einer universellen Regel gelangen kannst.
> In Bezug auf Regeln können wir uns auch in der Geschichte umschauen. Beispielsweise kannst du zu den „Zehn Geboten" gehen:
> http://de.wikipedia.org/wiki/Zehn_Gebote
> Oder zu der Allgemeinen Erklärung der Menschenrechte auf You Tube oder auf der Website der United Nations. Oder sollen wir uns „The wisdom of Chief Seattle" anhören?

Einige Autoren geben eine Anzahl allgemeiner moralischer Regeln („Prinzipien") innerhalb der Ethik an, die ausdrücken, was für eine menschliche Gesellschaft normativ wichtig ist; wie etwa:

1. Schade niemandem;
2. tue Gutes;
3. respektiere das Selbst und die Einzigartigkeit jedes Menschen und
4. sei gerecht (Gleichbehandlung anderer und eine gerechte Verteilung von Lust und Schmerz)

Es gibt viel über Normen und Werte zu lernen. Du kannst unterscheiden zwischen relationalen, professionellen und öffentlichen Normen. Du kannst ebenso unterscheiden zwischen konsequentialistischen und deontologischen Regeln. Das erste bedeutet, dass du deine moralische Beurteilung nach den Folgen einer Handlung richtest: Du handelst dann richtig, wenn die guten Auswirkungen deiner Handlung deren schlechte überwiegen. Das zweite bedeutet, dass du entsprechend einer Norm oder einer Regel handeln sollst, wie auch immer die Folgen aussehen mögen. Wir beschränken uns hier bei den Werten auf die Begriffe „funktionaler oder instrumenteller Wert" einerseits und „intrinsischer Wert" andererseits:

(1) Funktionaler oder instrumenteller Wert
Etwas hat Wert und ist gut, insofern und weil der Mensch es als ein Mittel ansieht oder ein Werkzeug, um damit seine Ziele oder Zwecke zu verwirklichen. Etwas ist nützlich insbesondere dann, wenn es ökonomisch nützlich ist.

(2) Intrinsischer Wert
Hier geht es um den Selbstzweck einer Sache, um deren Wert in sich selbst. Diese Werte sind gut um ihrer selbst willen. Sie sind nicht nur ein Mittel für etwas anderes. Nimm als Beispiel Geld: Geld ist nur gut, weil es ein Mittel ist für die Erlangung anderer Werte (durch deren Kauf). Nur für den Geizigen, wie Dagobert Duck, hat Geld einen intrinsischen Wert.

Ein intrinsischer Wert ist ein Wert, der unabhängig von der direkten Nützlichkeit für uns als Menschen gilt. Es wäre gut, wenn du dich selbst fragst, was passiert, wenn du anderen Lebewesen und anderen Elementen der Natur instrumentelle oder intrinsische Werte beimisst. Was bedeutet dies für deine Einstellung gegenüber jenen Lebewesen und jenen Elementen der Natur? In der Umweltethik bilden genau solche Werte und die entsprechenden grundlegenden Einstellungen gegenüber der Natur das zentrale Thema.

Menschliche Handlungen können entweder in intrinsischer oder in instrumenteller Hinsicht als gut beurteilt werden. Die deontologisch betrachteten Handlungen sind gut, weil sie in sich selbst gut oder falsch sind. Sie bedürfen keiner weiteren Rechtfertigung. Für den Anhänger der utilitaristischen Doktrin sind Handlungen hingegen richtig, solange sie für den größten Teil der beteiligten Personen „Glück" bedeuten. Aber: Wenn eine Handlung für die meisten beteiligten Personen nützlich ist, ist sie dann auch tatsächlich immer gut oder richtig? Und wenn sie Schaden verursacht, ist sie dann moralisch falsch in jedem Falle falsch?

Richtige moralische Argumentation

Was läuft falsch, wenn ethische Diskussionen ewig andauern und niemals zu einem „Konsens", zu einer allgemeingültigen Lösung gelangen? Ich denke, dass häufig etwas mit der versuchten moralischen Beweisführung, mit der vorgebrachten Argumentation falsch läuft.

Dabei sieht es so einfach aus, zu einer richtigen Entscheidung zu kommen, wenn du eine korrekte moralische Argumentation wie die folgende Formel siehst:

1. Ethische Annahme (Maxime)
2. Fakten (empirische Situation)
   _____ +
3. Ethische Schlussfolgerung

Betrachte das folgende Beispiel: Im Unterricht fragte ich die Studenten, ob sie meinen, dass sie in jeder Situation nach (vom Gesetz vorgegebenen) Regeln handeln sollten. So sahen die Antworten aus:

(a) Einige von ihnen sagten, dass jeder in jeder Situation gemäß den Gesetzen handeln sollte.
(b) Andere meinten, dass es Ausnahmen gäbe. Eine der Ausnahmen sei das Vorliegen einer Notsituation. Wenn es eine Notsituation gibt, sei es erlaubt, die Regeln (Gesetze) zu brechen.

Ich konfrontierte sie nunmehr mit der Situation, dass es ein Team von Journalisten gibt, die eine tägliche TV-Sendung über aktuelle Themen machen. Eines der Themen lautet: „Verhalten sich auch die Leute, die die Gesetze machen, gemäß diesen Gesetzen?" Die Reporter begleiteten mehrere niederländische Minister, um zu herauszufinden, wie diese sich in der Praxis verhalten. So mussten etwa zu Beginn des Irak-Krieges alle Minister so rasch wie möglich nach Den Haag zu einer Dringlichkeitssitzung erscheinen. Einer der Minister befindet sich auf einem Besuch im

Osten der Niederlande, 200 km entfernt von Den Haag. Auf dem Weg nach Den Haag überschreitet der Fahrer des Ministerwagens wiederholt die Geschwindigkeitsbeschränkung. Die Reporter folgen dem Wagen, zeichnen diese Verstöße gegen die Verkehrsordnung auf und senden sie noch am selben Abend im Fernsehen.

Die Studenten mit der Meinung (a) behaupten nun, dass dieses Verhalten falsch ist. Die Studenten mit der Meinung (b) machen geltend, dass in diesem speziellen Falle zu Recht gegen die Verkehrsordnung verstoßen worden ist.

Die richtige ethische Argumentation zu finden, ist also doch nicht so einfach oder? Welche Gruppe der Studenten hat Recht? Oder haben etwa beide Gruppen Recht? Wo könnte der Fehler in einer der beiden Argumentationen liegen?

In einer moralischen Diskussion machen Teilnehmer oft nicht deutlich, was (siehe Pos. 1 in der obigen Formel) die Voraussetzung ist, von der sie ausgehen. Was schätzen sie in einer speziellen Situation, was ist das Prinzip (die Norm, die Regel), die sie ihren Überlegungen zugrunde legen?

Ebenso bin ich davon überzeugt, dass sehr häufig Teilnehmer Fakten als Werte darstellen (siehe dazu Pos. 2 der Formel). Die Teilnehmer müssen sich erst über die Fakten in einer bestimmten Situation verständigen. Das Beste ist, die Fakten zu kennen, aber wenn du das nicht tust, dann müsst ihr euch gegenseitig sagen, was ihr jeweils als Fakten akzeptiert und was nicht. Erst danach könnt ihr dann über die Werte diskutieren.

Manchmal ziehen Teilnehmer auch eine Verbindung zwischen Pos. 1 und Pos. 2. So wurde inn dem obigen Beispiel der Ausdruck „Notsituation" verwendet. Du musst aber deutlich machen, was du unter einer Notsituation verstehst. Wenn nicht, kann sich deine Schlussfolgerung leicht von der eines anderen unterscheiden. Wenn du eine Notsituation als eine Situation ansiehst, in der es um Leben oder Tod geht, aber jemand anderes versteht darunter, dass es darum geht, pünktlich bei einem wichtigen Treffen zu sein, dann wird deine ethische Schlussfolgerung in Bezug auf dieselbe spezifische Situation eine andere sein als die des anderen.

> **Kontrollfragen I**
> - Wann und wie begann die westliche Philosophie?
> - Was ist die zentrale Frage, mit der sich die Ethik auseinandersetzt?
> - Wie lautet die Arbeitsdefinition von Ethik?
> - Welches sind die drei Haupttheorien von Ethik?
> - Was ist eine Norm und was ist ein Wert?
> - Was ist eine richtige moralische Argumentation und welche Art von Fehler kannst du dabei machen?

2.2 Lektion 2: Moralische Dilemmata

> **Lernziele**
>
> Wenn der/die Lernende diese Lektion beendet hat,
> - kennt er/sie die fünf Kriterien eines moralischen Dilemmas;
> - kann er/sie die fünf Kriterien anwenden, um damit ein Dilemma als ein moralisches Dilemma zu erkennen;
> - kann er/sie ein moralisches Dilemma als ein „persönliches" erkennen;
> - kennt er/sie die drei Gründe für einen Kompromiss;
> - kennt er/sie die Vorgehensweise, um moralische Qualität im Handeln und Urteilen zu erreichen,
> - kennt er/sie den „Stufenplan", um ein ethisches Dilemma zu beschreiben, zu analysieren und zu lösen und kann dieses Schema anwenden.

Es ist freilich nicht immer klar, wann die Ethik gefragt ist. Gefühle, Motive und Absichten und bestimmte Elemente oder Eigenschaften einer Person oder Personengruppe können ethisch richtig oder falsch sein. In diesem Kurs konzentrieren wir uns jedoch auf die Handlungen von Menschen.

Alle möglichen Gegenstände können auch gut oder nicht gut in einem nicht-ethischen Sinn sein, z. B. physische Gegenstände wie Autos oder Gemälde. Ein Auto kann gut sein aufgrund seiner Motorleistung. Dies hat nichts – jedenfalls nicht auf den ersten Blick – mit Ethik zu tun. Die Frage, ob hier Ethik im Spiel ist, kann auf verschiedene Weise beantwortet werden.

Einige Kollegen der *Christian University for applied Economic Studies* in den Niederlanden wählten eine einfache Situation als Modell aus (i). Sie argumentierten, dass eine Situation nur dann als ein moralisches oder ethisches Dilemma dargestellt werden kann, wenn (unterschiedliche) moralische oder ethische Prämissen vorhanden sind, die von Personen auf diese Situation bezogen werden. Eine Sachlage kann aber auch nicht-moralisch sein. In diesem Fall kannst du freilich eine moralische Perspektive hinzufügen.

Ein amerikanischer Ethiker schlägt eine „pluralistische Lösung" vor. Ein Prinzip oder Ideal sei nicht moralisch auf der Basis eines einzigen Kriteriums, sondern erst auf der Basis mehrerer Kriterien. Diese Ansicht führt zu folgendem Schema.

M1	M2	M3	M4	M5
ABCD	ABCE	ABDE	ACDE	BCDE

M1 bis M5 beziehen sich auf moralische Standpunkte oder Werturteile

Für verschiedene moralische Akteure gilt nun:
A = hat ein starkes soziales Interesse;
B = versucht, gegensätzliche Interessen in der Gesellschaft zu minimieren;
C = lässt seine Handlungsentscheidungen von einem philosophischen Blick auf das Leben bestimmen
D = generalisiert und beschreibt menschliche Handlungen;
E = hat die Befugnis und ist fähig, nicht-moralische Regeln aufzuheben.

Moralische Dilemmata unterscheiden sich von anderen Problemlagen. Sie müssen fünf Kriterien genügen:

1. Du kannst ihnen nicht ausweichen. Du befindest dich an einem Scheideweg, du gehst links oder rechts. Auch wenn du keine Wahl triffst, hast du gewählt.
2. Andere Personen sind beteiligt (involviert); auch wenn sie weit entfernt sind.
3. Jede Wahl, die wir treffen, ist von Interesse für die Beteiligten. Sie kann Folgen haben für das Gefühl der Selbstachtung oder das Glück anderer Menschen. Die Umweltethik fordert 2. und 3. heraus. Die Frage ist, ob die Gründe, andere Menschen einzubeziehen, dazu ausreichen, auch andere Lebewesen einzubeziehen (oder sogar abiotische Elemente der Natur oder die Natur als Ganzes).
4. Du kannst nicht allen Interessen zu 100 Prozent gerecht werden. Du kannst nicht alle Beteiligten vollständig zufrieden stellen.
5. Der moralisch Handelnde ist frei in seiner Wahl zwischen verschiedenen Optionen.

Wie weit aber reicht die Handlungsfähigkeit eines Individuums überhaupt in einer konkreten Situation? Speziell im Bereich der *Berufsethik* ist es wichtig festzustellen, ob sich das ethische Dilemma innerhalb deines persönlichen Einflussbereiches befindet. Um berufsethische Dilemmata zu erkennen, zu analysieren und zu lösen, sollten sie nicht-struktureller Natur sein. Falls sie struktureller Art sind, solltest du dir besser Rat von der Gewerkschaft, einer politischen Partei oder anderen Organisationen holen, die sich um Probleme dieser Art kümmern können. Wenn es also Probleme gibt, die die Umwelt, die Gesundheit und Sicherheit betreffen und die nur gelöst werden können, indem strukturell ganz neue Wege beschritten werden, dann musst du überlegen, ob dies noch in deinem Einflussbereich liegt oder politische (organisatorische) Entscheidungen notwendig sind.

Um dir eine Vorstellung von der beträchtlichen Bandbreite der möglichen Problemlage zu geben: Jahr für Jahr sind wir mit dem Hunger in den verschiedensten Teilen der Welt konfrontiert. Wir können helfen, indem wir etwas Geld spenden. Manche Leute sagen aber, dass dies keine Lösung für das eigentliche Problem sei. Menschen, die Nahrung brauchen, müssen lernen, wie man sät und wie man fischt. Man kann ihnen allenfalls mit Maschinen helfen, um das Land zu bestellen oder sonst wie ihr Leben selbst zu managen. Andere wiederum sagen: Hunger ist ein Teil des kapitalistischen Systems. Wenn du den Hunger von der Erde verbannen willst, dann fange mit der Abschaffung des Kapitalismus an! Das Spektrum möglicher Lösungen reicht also von persönlichen Handlungen (private Hilfe) bis hin zu strukturellen Hilfestellungen über Organisationen, die über die hierzu notwendigen Mittel verfügen.

> Viele Berufsgruppen besitzen einen eigenen Ethikkodex, den sie zu Rate ziehen, wenn sie mit ethischen Dilemmata umgehen müssen (siehe z. B. National Society of Professional Engineers und insbesondere den „Ethic Case Search").

Es existieren allerdings verschiedene Stufenpläne[1], die dabei helfen können, mit ethischen Dilemmata umzugehen. Doch zuvor noch zwei Bemerkungen darüber, wie wir in unseren Handlungen „ethische Qualität" erreichen können, wenn wir mit einem ethischen Dilemma in einer Berufssituation konfrontiert werden. Wie können wir sicher sein, dass unser berufliches Handeln ethische Qualität hat? Die erste Bemerkung befasst sich mit der Handlung selbst und die zweite mit ihrer Durchführung.

---

[1] Siehe etwa:
http://www.ethicsweb.ca/resources
http://www.ethicsweb.ca/guide
http://www.scu.edu/ethics/practicing/decision/thinking.html
http://www.scu.edu/ethics/practicing/decision/framework.html
http://www.ethicsscoreboard.com/rb_5step.html
http://www.ethics.org/resources/articles-organizational-ethics.asp?aid=940

Nach einem holländischen Autor[2] besitzt eine Handlung dann moralische Qualität, wenn sie einen Kompromiss verkörpert.

Es gibt drei Gründe:

1. Jedes berufliche Handeln findet innerhalb eines Gemeinwesens statt. In einem Gemeinwesen haben Menschen verschiedene Interessen. Wenn beispielsweise die Personen A, B und C ihre Interessen formulieren, können sie gemäß des Schaubildes 1 nicht zu einer Übereinkunft kommen.

2. In den meisten Situationen ist ein Kompromiss besser als eine Entscheidung nach Prinzipien. Nach Prinzipien, nach einer Regel zu handeln, kann den Handelnden, die Firma und/oder die Gesellschaft als Ganzes schädigen.

3. Der dritte Grund, der für das Finden eines Kompromisses spricht ist, dass du in beruflichen Situationen oft eine Wahl zwischen „schlechten Möglichkeiten" zu treffen hast. Die alltägliche Realität ist häufig kein Paradies und du bist nicht derjenige, der dies ändern kann. Deshalb musst du dich für das Maximale, was du überhaupt erreichen kannst, entscheiden.

So ist das Erste, was zu tun ist, wenn du dich mit einem moralischen Dilemma konfrontiert siehst, eine Abwägung vorzunehmen. Gut gegen schlecht, Nutzen gegen Schaden, Vorteil gegen Nachteil. Dies entspricht der utilitaristischen Ethik. Es gibt aber auch Situationen, in denen grundlegende Regeln, Normen und Werte angesprochen sind (wie Gerechtigkeit oder das Recht zu leben) und in denen du sofort (intuitiv) weißt, was

---

[2] Hilhorst, M.T. van: In: *'Niet voor alles verantwoordelijk; Alles heeft zijn uur: op zoek naar een specifieke beroepsethiek'* in Koelega, D.G.A. red. (1989): Over de maatschappelijke verantwoordelijkheid in technische en natuurwetenschappelijke beroepen. In: *De ingenieur buitenspel?* S. 110-126.

du zu tun hast, sodass du erst gar keine Abwägungen zwischen Vor- und Nachteilen vornehmen musst.

Moralische Qualität kann nur erreicht werden, wenn du einer Vorgehensweise folgst, die mit dem Wort ‚zusammen' charakterisiert werden kann. Zusammen mit den Personen, die beteiligt sind, erkennst du, dass das Problem ein moralisches ist; zusammen analysiert ihr die strittigen Dinge und zusammen entscheidet ihr schließlich, was zu tun ist.

Eine Reihe von Experten[3] hat ein Stufenmodell entwickelt, um ein ethisches Dilemma beschreiben, analysieren, beurteilen und lösen zu können. Diesem wollen wir uns jetzt zuwenden.

STUFENMODELL ZUR BEURTEILUNG EINES ETHISCHEN PROBLEMS

SCHRITT 1: Beschreibung und Analyse

- Beschreibe kurz die Situation
- Wer ist an der Situation beteiligt?
- Welche unterschiedlichen Interessen haben die beteiligten Personen?
- Gibt es eine Lösung für einen Akteur, der die Interessen der anderen Beteiligten nicht zu berücksichtigen braucht?

SCHRITT 2: Beurteilung

- Wessen Interessen sollten das größte Gewicht haben? Formuliere solche Interessen, indem du eine utilitaristische Argumentation benutzt (Nutzen, Zufriedenheit, Glück).
- Wessen Interessen werden durch diese Wahl geschädigt? Formuliere solche Interessen, indem du eine utilitaristische Argumentation benutzt (Schädigung, Benachteiligung, Leiden).

---

[3] Meykamp / Terpstra (1989).

- Mache einen Vorschlag, wie dieser Schaden kompensiert werden könnte.
- Stehen irgendwelche grundlegenden Prinzipien in dieser Situation auf dem Spiel?
- Falls ja, formuliere solche Prinzipien, indem du eine deontologische Argumentation benutzt.
- In welchem Ausmaß müssen solche grundlegenden Prinzipien bei der Suche nach einer Lösung berücksichtigt werden?
- Beschreibe die endgültige Lösung (Kompromissvorschlag).

SCHRITT 3: Rechtfertigung

- Welche utilitaristischen Argumente haben die endgültige Wahl bestimmt?
- Spielten deontologische Argumente eine Rolle?
- War die Wahl dieselbe, als du dich in die Lage des anderen versetzt hast (Verallgemeinerung)?
- Welches ist die Vorstellung von Mensch und Gesellschaft, die der Wahl zugrunde liegt?

Dieses Stufenmodell ist ein Werkzeug, das helfen soll, ethische Dilemmata zu lösen. Es ist kein Patentrezept.

KONTROLLFRAGEN II

- Welches sind die fünf Kriterien für die Beurteilung eines ethischen Dilemmas?
- Kannst du ein ethisches Dilemma beschreiben, indem du die fünf Kriterien anwendest?
- Ist das Dilemma ein „persönliches"?
- Welches sind die drei Gründe für einen Kompromiss?
- Welches ist die Vorgehensweise, um moralische Qualität zu erreichen?
- Wie ist das „Stufenmodell" aufgebaut, mit dem sich ein ethisches Dilemma beschreiben, analysieren, beurteilen und begründen lässt?
- Was ist das Ergebnis, wenn du das Schema auf das wahrgenommene ethische Dilemma anwendest (siehe oben)?

2.3 Lektion 3: Einführung in die Umweltethik

Die Umweltethik handelt von der ethischen Sorge für Natur und Umwelt. Die ethische (Für-) Sorge ist davon abhängig, was es in der Natur gibt und was davon einen moralischen Status für sich beanspruchen kann. Grundsätzlich kannst du der Natur und Umwelt aufgrund von entweder anthropozentrischen oder nicht-anthropozentrischen Argumenten einen moralischen Status verleihen. Die wichtigsten Theorien zu beiden Arten von Argumentation werden in diesem Abschnitt (und in dem nachfolgenden Kapitel) behandelt.

LERNZIELE
Nachdem der/die Lernende Lektion 3 beendet hat,
- kennt er/sie die Definition von Umweltethik;
- kennt er/sie die Definition von Umwelt;
- kann er/sie Beispiele für Umweltprobleme nennen, die ethische Fragen aufwerfen;
- kennt er/sie die zwei Hauptansätze von Umweltethik: die anthropozentrische und die nicht-anthropozentrische Sichtweise.

Fall 1: Tierexperimente

Wie sollte die Einstellung der Menschen zur Natur und Umwelt sein? Wie habe ich mich gegenüber Tieren, Pflanzen, Wasser, Erde, Luft, den Arten und dem Ökosystem als Ganzem zu verhalten? Lauter Fragen, die auftauchen können, wenn du etwa mit einem Video über Tierexperimente konfrontiert bist. Nehmen wir an: Das Video wurde in Zusammenarbeit mit Institutionen produziert, die solche Tierexperimente machen. Es bietet dir ausgewogene Informationen über das Thema an. Die zentrale Frage ist (wenn du dich etwa an die Stelle der Verantwortlichen versetzt): Wie weit würdest du selbst gehen? Oder besser: Wie weit ist es dir erlaubt zu gehen? Die Frage taucht auf, wenn du davon ausgehst, dass wir im Allgemeinen Tiere lieben (insbesondere wenn es sich um unsere Haustiere handelt):

- Du hörst und siehst einen Vogel in einem Käfig, der singt und um den man sich kümmern muss. Wie weit gehst du?
- Die Frage stellt sich auch, wenn du damit konfrontiert bist, dass ein Affe eine Vorführung macht und dass Hühner gegrillt werden. Wir lieben Tiere. Aber wie weit bist du bereit, in deiner Tierliebe zu gehen?
- Auch wenn Tiere für medizinische Experimente benutzt werden, die dem Wohl von Tieren und Menschen dienen, stellt sich die Frage: Wie weit gehst du mit und bist damit einverstanden?

Einige Experten sagen, dass solche Experimente heute nicht mehr wirklich zum medizinischen Wissen beitragen. Andere meinen, dass viele wichtige medizinische Durchbrüche (wie das Beherrschen und Heilen von einst tödlichen Krankheiten) ohne Tierexperimente nicht erreicht worden wären. Noch einmal: Wie weit würdest Du hier gehen?

Wir wollen dies an einem Beispiel aus den Niederlanden, an einer Landschaft, die Es oder Essen genannt wird, illustrieren.

FALL 2: Die Landschaft „ES"

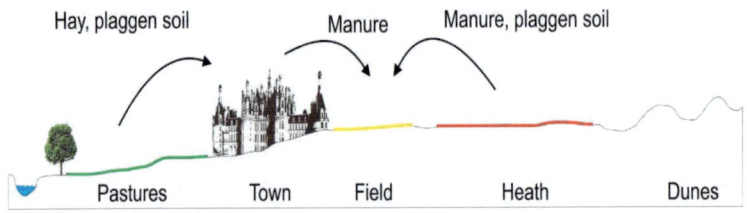

Abb. 1.1: Landschaftsstruktur

Um das Jahr 1000 gab es ein starkes Bevölkerungswachstum in den Niederlanden. Deshalb wurde mehr Ackerland zur Nahrungsproduktion benötigt. Das Ackerland (siehe die obige Abbildung) musste gedüngt werden. Dies wurde auf verschiedene Arten erreicht, hauptsächlich durch den Dung von Schafen. Während des Tages grasten die Schafe auf dem Moor. Während der Nacht kamen sie zurück in die Dörfer und dort produzierten sie Dung. Im Winter wurden die Schafe mit dem Heu der Weiden gefüttert. Da die Schafe auf dem Moor grasten (und koteten), benutzten die Bauern auch Torf zur Düngung ihrer Äcker.

Die Örtlichkeit des Es war „geboren". Es handelt sich um eine „Rundung" in der Landschaft, ungefähr zehn Hektar groß. Der Hügel fällt dir auf, weil er dir eine offene und weite Sicht bietet. Es wurde aber nur für die Landwirtschaft benutzt. Deshalb gibt es keine Hecken oder Holzbänke. Allerdings dient eine allein stehende Eiche als Markierung. Von diesem Baum gehen mehrere Straßen in verschiedene Richtungen ab. Am Rande des Hügels kannst du Holz finden. Bauernhöfe und Dörfer befinden sich in der Nähe. Das Es verkörpert in einem viele natürliche, kulturelle und historische Werte.

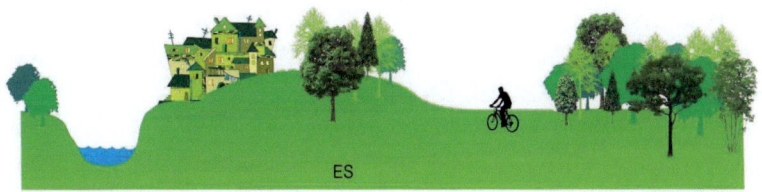

Abb. 1.2: Ausgangszustand

Nunmehr wird aufgrund von Industrialisierung und Bevölkerungswachstum geplant, auf dem Es einige Fabriken und vier Wohnanlagen zu errichten. Wie weit wärest du selbst bereit, dieses Vorhaben zu unterstützen?

Abb. 1.3: Veränderter Zustand

2.3.1 Definitionen

(1) Die Definition von Umweltethik
In Lektion 1 haben wir eine Arbeitsdefinition für Ethik gefunden. Entsprechend dieser Definition wollen wir nunmehr eine Definition für Umweltethik vorstellen:

UMWELTETHIK MEINT DAS SYSTEMATISCHE NACHDENKEN ÜBER DAS MENSCHLICHE HANDELN IN BEZUG AUF DIE

NATUR UND/ODER DIE UMWELT UNTER DER FRAGESTELLUNG, OB DIESE HANDLUNG IM ENDERGEBNIS ALS GUT ODER NICHT-GUT ZU BEURTEILEN IST.

Der Versuch zu einer Definition von Umweltethik wirft drei Fragen auf: (1.) Welche menschlichen Handlungen erfordern eine ethische Reflexion? (2.) Wie lässt sich Natur und/oder Umwelt definieren? (3.) Wie können wir herausfinden, was in der Umweltethik mit „gut" und „gut im Endergebnis" gemeint sein kann?

Die beiden ersten Fragen werden wir behandeln, wenn wir eine Definition für Natur und/oder Umwelt geben und wenn wir über Umweltprobleme nachdenken. Um eine Antwort auf die dritte Frage zu geben, betrachten wir *Umweltprobleme als Konflikte zwischen Werten*. Du kannst aus zwei verschiedenen Perspektiven heraus solche Konflikte analysieren: aus einer anthropozentrischen und einer nicht-anthropozentrischen Perspektive. Die beiden Blickrichtungen führen dabei zu verschiedenen ethischen Ansichten über die Natur/Umwelt.

(2) Die Definition von Natur und Umwelt.
Das Wort „Umwelt" kommt aus der Ökologie. Die Ökologie erforscht die Beziehung zwischen Organismen und deren Umgebung. Hauptsächlich die natürliche Umgebung, die einen Einfluss auf die Organismen hat. Die Umweltwissenschaften nehmen zwei begriffliche Einschränkungen vor:

Einerseits beschränkt sich Umwelt auf die physische Umgebung des Menschen. „Physisch" meint dabei die lebende (biotische) und die nicht-lebende (a-biotische) Umgebung. Darüber hinaus wird der Mensch als ein soziales Wesen angesehen, das in einer physischen Umwelt lebt. Deshalb sprechen wir über das Verhältnis zwischen Gesellschaft und Umwelt. Unsere Definition lautet:

Die Umwelt bildet die physische (nicht-lebendige und lebendige) Umgebung der Gesellschaft. Gesellschaft und Umwelt (Natur) unterhalten eine komplexe wechselseitige Beziehung.

Obwohl du die Umwelt auf verschiedenen Ebenen betrachten und erforschen kannst[4], musst du die Natur bzw. Umwelt, die der Definition von Umweltethik zugrunde liegt, in einem weiten Sinne verstehen. Wenn wir über menschliche Handlungen in Bezug auf Natur und Umwelt sprechen, dann meinen wir unser Verhalten gegenüber

- Tieren,
- Pflanzen und anderen (Mikro-)Organismen,
- Wasser, Luft und Erde (Umweltmedien),
- Meeren, Flüssen und Landschaften sowie
- Ökosystemen

In Abb. 2.1 werden der Mensch einerseits und Natur und die Umwelt andererseits als getrennte Bereiche gezeigt. Die verschiedenen Elemente von Natur und Umwelt sind als konzentrische Kreise wiedergegeben: Jeder Kreis steht für ein bestimmtes Wesen oder Element innerhalb der Natur/Umwelt. Die Umweltethik stellt nun die Frage, ob diesen verschiedenen Wesenheiten eine eigene moralische Relevanz, ein besonderer moralischer Status, zukommt oder nicht.

---

[4] Nach den holländischen Autoren van Ast und Geerlings kann die Umwelt auf verschiedenen Ebenen erforscht werden. Die Ebenen können gesehen werden:
1. als Kompartimente,
2. als System und
3. als kultivierte Natur
Siehe Ast, Mr. J.A. van en Geerlings, Drs. H. (1993): *Milieukunde & milieubeleid, een introductie*. Alphen aan den Rijn.

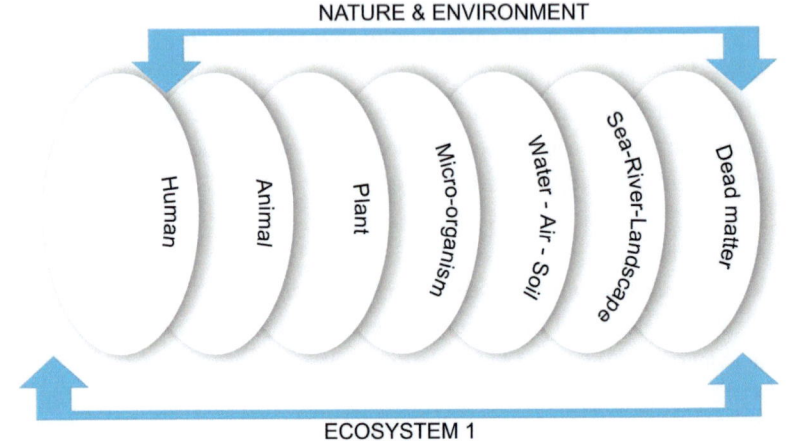

Abbildung 2.1: Schematische Darstellung von Mensch, Natur und Umwelt

2.3.2 Umweltprobleme

Die Umweltwissenschaften erforschen das Verhältnis von Mensch und Umwelt. Einerseits hat die Umwelt eine Bedeutung für die menschlichen Wesen, denn diese sind existenziell abhängig von der Umwelt. Andererseits beeinflussen die menschlichen Handlungen die Umwelt: Das Verhältnis zwischen Mensch und Umwelt ist ein wechselseitiges und komplexes (siehe Abbildung 2.2).

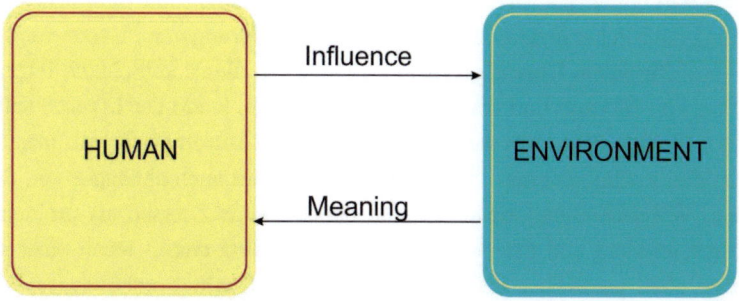

Abbildung 2.2: Das Verhältnis zwischen Mensch und Umwelt

Die Umwelt hat für die Menschen in dreifacher Hinsicht Bedeutung:

1. als Bedingung für das Leben (Wasser, Luft, Nahrung usw.);
2. als intrinsischer Wert (z. B. als „schöne Natur") und
3. als Produktionsmittel (als Rohstofflieferant).

In der ersten Bedeutung ist die Abhängigkeit von der Umwelt am stärksten: Menschen brauchen eine „gesunde" Umwelt für ihre Gesundheit und für die Ernährung. Eine saubere und intakte Umwelt kann auch einen positiven psychologischen Einfluss auf die Menschen ausüben.

Die Bedeutung des intrinsischen Wertes hat mit der ethischen Frage zu tun, ob Natur und Umwelt – und deren Elemente – auch einen von dem instrumentellen Wert, den wir ihnen beimessen, unabhängigen Wert besitzen.

Drittens benutzen wir die natürlichen Ressourcen von Natur und Umwelt wie Luft, Wasser und Bodenschätze als Produktionsmittel.

Alle menschlichen Handlungen haben Einfluss auf Natur und Umwelt, ihre Struktur und ihren Zustand. Menschen können der Umwelt etwas hinzufügen und/oder aus ihr entfernen. Menschen können auch die Form und Struktur der Umwelt verändern. Bei Letzterem kannt man etwa an die

Auswirkungen der Urbanisierung, an die Rohstoff- und Energieausbeutung natürlicher Ressourcen oder an die Regulierung von Flüssen denken.

Zu einem Umweltproblem kommt es in dieser komplexen Interaktion von Mensch und Natur/Umwelt erst dann, wenn der Mensch selbst den Eindruck hat, dass das Verhältnis mit der Umwelt gestört ist. Insofern ist das Vorliegen eines Umweltproblems immer auch abhängig von dessen Wahrnehmung: wir selbst sind es, die einen Zustand als problematisch ansehen und definieren. Dies passiert etwa dann, wenn eines der drei oben genannten Bedeutungen soviel an Qualität einbüßt, dass eine Gruppe von Personen dies als problematisch ansieht. Also bezeichnen Umweltprobleme keine individuellen, sondern ausgesprochen soziale oder kollektive Probleme.

Basierend auf den drei Arten menschlicher Einflussnahme kann man drei Arten von Störungen innerhalb der Umwelt unterscheiden (siehe Abbildung 2.3). Eine Störung, die sich aus dem Hinzufügen von etwas ergibt, nennt man eine „Umweltverschmutzung". Wenn man hingegen die Umwelt durch das Wegnehmen von etwas stört, wird das „Raubbau" genannt. Andere Störungen – nämlich Veränderungen in der Struktur der Umwelt – werden als „Schädigung" definiert.

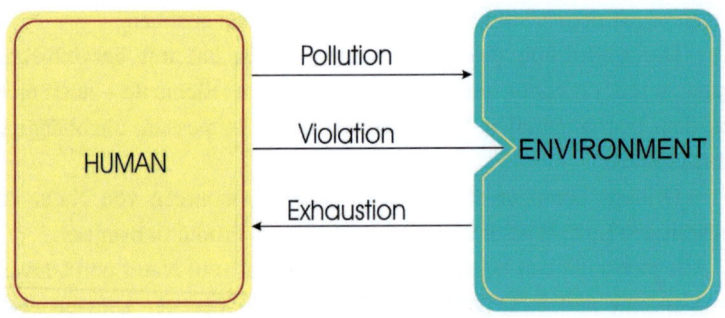

Abbildung 2.3: Formen der Umweltstörung

Darüber hinaus können Umweltprobleme als Wertekonflikte gesehen werden. Eine Situation wird zu einem Umweltproblem, wenn wir erkennen, dass es einen Unterschied zwischen der tatsächlichen und der gewünschten Situation von Natur und Umwelt gibt. Der tatsächliche und der im Hinblick auf die Umwelt gewünschte Zustand stecken randvoll mit Wertvorstellungen. Nach einem holländischen Philosophen[5] können Umweltprobleme als Wertekonflikte gesehen werden. Dies wirft zwei Fragen auf: Welches sind die Werte und wie können Wertekonflikte gelöst werden? Achterberg sagt, dass im Allgemeinen die Konflikte zwischen materiellen und/oder sozialen Werten einerseits und Umweltwerten andererseits bestehen. Werte, die miteinander im Widerstreit liegen können, sind etwa:

- Überleben, Wohlstand, Gesundheit und Arbeit;
- Verteilungsgerechtigkeit und Freiheit;
- sichere und saubere Umwelt, Nachhaltigkeit und eine artenreiche und vielgestaltige Natur.

Die Lösung von Wertekonflikten führt zu der Frage, welche Handlung letztendlich gut und angemessen ist. Diese Frage kennst du bereits von der Arbeitsdefinition zur (Umwelt-) Ethik her. Die Umweltethik hilft dir, Wertekonflikte zu analysieren und zu lösen. Außerdem soll sie dabei helfen, mögliche Entscheidungen zu begründen. Dies wiederum bringt dich zu Fragen wie: Wer oder was besitzt überhaupt einen Wert und über welche Art von Werten sprechen wir, wenn wir etwas einen Wert zusprechen?

Es gibt zwei große Gruppen von Werttheorien, die in der Umweltethik eine zentrale Rolle spielen: der anthropozentrische und die nicht-anthropozentrische Wertansatz. Beide Richtungen begründen verschiedene Formen der Umweltethik. Hinsichtlich der Unterscheidung zwischen Anthropozentrismus und Nicht-Anthropozentrismus stellt sich die Frage, ob nur menschliche Wesen oder auch andere Wesen der Natur (der

---

[5] Achterberg, (1993)

Umwelt) einen ethischen Wert besitzen. Wer oder was hat einen moralischen Status und warum?

2.3.3 Moralische Fürsorge für die Natur

Die Umweltethik entstand als ein neues Fachgebiet der Philosophie in den frühen 1970er Jahren. Bis zu dieser Zeit hatte die Philosophie menschliche Handlungsweisen fast nur in Bezug auf andere Menschen befragt. Handlungen in bezüglich der Natur wurden in einer anthropozentrischen (zumeist instrumentalistischen) Weise behandelt. Solche Handlungen sind gut oder nicht, insofern das Wohlergehen des Menschen auf dem Spiel steht.

Der traditionelle Anthropozentrismus wurde erst spät durch die moderne Umweltethik ernsthaft herausgefordert. Erstens stellt die Umweltethik die angenommene moralische Überlegenheit der Menschen gegenüber Mitgliedern anderer Arten auf der Erde in Frage. Zweitens untersucht sie die Möglichkeit von rationalen Argumenten, der natürlichen Umwelt einen intrinsischen Wert (Selbstwert) zuzuweisen.[6]

Es gibt somit zwei Hauptansätze in der Umweltethik:

- der anthropozentrische Ansatz und
- der nicht-anthropozentrische Ansatz

Diese zwei Ansätze oder Sichtweisen der Natur werden ausführlich in Kapitel 4 behandelt. Hier soll eine kurze Einführung genügen.

---

[6] Siehe: http://plato.stanford.edu/entries/ethics-environmental

2.3.4 Der anthropozentrische Ansatz

Die Debatte über den möglichen intrinsischen Wert der Natur ist Teil einer größeren Diskussion über den Status des so genannten „Anthropozentrismus" oder des menschenzentrierten ethischen Denkens. Die „Anthropozentriker" unter den Umweltethikern bestreiten, dass die „Physiozentriker" richtig liegen, wenn sie den nicht-menschlichen Lebewesen oder der Natur als Ganzer einen „intrinsischen Wert" beimessen. In anderen Worten: Innerhalb der Umweltethik stehen sich insbesondere die anthropozentrische und die physiozentrische Position unversöhnlich gegenüber. In der anthropozentrischen Sichtweise besitzen Tiere, Pflanzen, Ökosysteme und die Natur als Ganzes nur einen „instrumentellen Wert" in Bezug auf den Menschen und seine Interessen. Der einzig akzeptierte Grund dafür, die Natur zu erhalten und zu kultivieren ist, dass die Befriedigung grundlegender menschlicher Bedürfnisse – wie den Körper zu ernähren und die Gesundheit zu erhalten – von der Natur abhängig ist. Ebenso kann das Widerstreben, natürliche Ressourcen zu verbrauchen (wie Tiere, fossile Brennstoffe, Mineralien usw.), nur gerechtfertigt werden in Bezug auf die Bedürfnisse und Interessen der heutigen Menschen oder bestenfalls noch zukünftiger Generationen. Allerdings räumen einige mehr moderate Anthropozentriker ein, dass zumindest ein ästhetisches Argument für den Umweltschutz dieser instrumentellen Sichtweise hinzugefügt werden könne: sie begründen das Bedürfnis, die Natur zu erhalten und zu kultivieren, mit den sinnlichen Reizen, die die Natur für uns hat – beispielsweise mit dem Vergnügen, das wir empfinden, wenn wir frische Bergluft einatmen. – In dem nachfolgenden 4. Kapitel werden wir die anthropozentrische Position noch ausführlicher beschreiben und diskutieren. Im Moment muss die Frage bestehen bleiben: Was hat Vorrang: das Wohlergehen der Menschen oder das Wohlergehen der betroffenen Tiere und Pflanzen in einer – wenn irgendwie möglich – „intakten Natur"?

2.3.5 Die nicht-anthropozentische Sichtweise

Im Gegensatz dazu gibt es zahlreiche Ethiker, die versuchen, die „moralische Gemeinschaft" auf nicht-menschliche Wesen auszuweiten. Diese nicht-anthropozentrische Sichtweise kann auf verschiedene Arten ausformuliert werden. In diesem Buch wird diese Perspektive vor allem anhand von vier Theorieansätzen dargestellt werden:

1. Pathozentrismus,
2. Biozentrismus,
3. Ökozentrismus und
4. Holismus

Jeder dieser Theorieansätze befasst sich mit der Frage, welche Elemente der Natur bzw. der Umwelt Anwärter für einen moralischen Status sind und wie die Beweisführung für den behaupteten moralischen Status zu führen ist. Die Beweisführung kann dabei häufig als ein Bestandteil jener ethischen Haupttheorien gesehen werden, die wir in Lektion 1 kennen gelernt haben. Hier geben wir nur eine kurze Einführung. Ausführlicher werden die vier Theorieansätze und deren Vertreter in Kapitel 4 behandelt.

1. Der Ausdruck „Pathozentrismus" kommt von dem griechischen Wort „pathos". Es ist die Theorie, die allen Wesen einen moralischen Status zubilligt, die Lust und Schmerz empfinden, die mithin leiden können und ‚empfindungsfähig' sind.
2. Der Biozentrismus kann ebenfalls erklärt werden, indem man auf das Griechische zurückgeht: „Bios" bedeutet „Leben". So ist also Biozentrismus die Theorie, die allen lebenden Wesen einen moralischen Status beimisst.
3. Ökozentrismus und Holismus. „Oeco" bedeutet „Haus" und wird hauptsächlich für „Umwelt" benutzt. Der Ökozentrismus befasst sich mit dem moralischen Status von größeren Einheiten wie Arten und

Ökosystemen. Der Unterschied zum ‚Holismus' (griechisch „holos" bedeutet „ganz" oder „alle") ist nicht immer deutlich, aber der Holismus bezieht sich auf den moralischen Status des „Ganzen". Das kann „Gaia", also Mutter Erde, oder die Natur im Ganzen bezeichnen. Der Holismus stellt damit auch die Frage nach dem möglichen moralischen Status von Gesteinen, Flüssen und Landschaften.

Kontrollfragen III
- Wie lautet die Arbeitsdefinition von Umweltethik?
- Was ist die Definition von Natur bzw. Umwelt?
- Was ist unter dem Ausdruck „Umweltprobleme" zu verstehen?
- Welche Umweltprobleme rufen ethische Fragen hervor?
- Welches sind die zwei Hauptansätze oder Sichtweisen innerhalb der Umweltethik?
- Was sind die zentralen Merkmale der vier Strömungen innerhalb des zweiten Hauptansatzes?

Literatur

Beauchamp, Tom L. (1982): *Philosophical Ethics. An introduction to moral philosophy*. New York.
Billington, R. (1988): *Living philosophy. An Introduction to Moral Thought*. New York.
Eijck, J. van (1984): *Filosofie, een inleiding*. Meppel.
Fretz, L. (1980): *Ethiek als wetenschap, een kritische inleiding in de filosofische ethiek*. Meppel.
Hubbeling, H.G. e.a. (1985): *Ethiek in meervoud*. Assen.
Jeuken, M. (1977): *Ethiek*. Assen.
Jong, F.J. de en Leendertz, W. (1976): *Beknopte inleiding in de ethiek*. Deventer

Leeuw, Jan de (1995): *Handel-Wijs; levensbeschouwelijke vorming en bedrijfsethiek voor MBO, sector economie.* Best
Meykamp, Willy e.a. (1992): *Basisboek ethiek.* Groningen.
Meykamp, Willy e.a. (1989): *Sociale ethiek.* Groningen.
Segers, L. (1992): Waarover gaat ethiek? In: *Verbum,* jaargang 56, Nr. 5, S. 98-101.
Willemse, H. Red. (1992): *Woordenboek filosofie.* Assen/Maastricht.
Willigenburg, T. van e.a. (1993): *Ethiek in praktijk.* Assen.

3. Ziele und Struktur der Umweltethik
Rainer Paslack

> **Hauptziele dieses Kapitels**
>
> Nach der Lektüre dieses Kapitels sollte die/der Lernende verstanden haben, wie das Feld der Umweltethik insgesamt strukturiert ist. Um dieses Ziel zu erreichen, wird der Leser (in Lektion 1) die zentralen Bereiche der Umweltethik und (in Lektion 2) die wichtigsten Ebenen, auf denen umweltethische Reflexionen stattfinden, kennenlernen.

3.1 Drei zentrale Aufgabenfelder der Umweltethik

> **Lernziele dieses Abschnitts:**
> Nach Durcharbeitung dieses Abschnitts wird die/der Lernende in der Lage sein,
> (1) die zentralen Felder und Fragestellungen der Umweltethik zu beschreiben und zu erläutern,
> (2) zu erklären, was es bedeutet, dass auch ein nicht-menschliches Lebewesen einen „Wert in sich selbst" besitzen kann, sowie
> (3) den Unterschied zwischen einer direkten oder einer indirekten Verpflichtuing des Menschen gegenüber der Natur zu erörtern.

Ethische Reflexion ist ein essenzieller Bestandteil der praktischen Philosophie. Sie versucht Antworten zu geben auf die Frage: „Was sollen wir tun?" Ethik zielt darauf ab, dem menschlichen Handeln eine normative Orientierung zu geben. Hierbei kommt dem Verhältnis der handelnden Subjekte zueinander eine besondere Bedeutung zu: nach Maßgabe welcher grundlegender Kriterien soll die Interaktion zwischen Menschen erfolgen? Weiterhin: Wie ist eine gegebene Situation zu beurteilen, um sich in ihr ethisch richtig zu verhalten?

Eine *universelle* Ethik (wie etwa die von Immanuel Kant) geht davon aus, dass alle moralischen Subjekte grundsätzlich gleichgestellt und nach denselben Kriterien zu behandeln sind. Soziale Unterschiede spielen dabei grundsätzlich keine Unterschiede: vom Standpunkt einer (deontologischen) Ethik aus, die einen universellen Anspruch auf Gültigkeit erhebt, besitzen alle menschlichen (oder vernünftigen) Subjekte den gleichen Wert. Das Handeln aller Menschen ist daher auch denselben Kriterien und „moralischen Imperativen" zu unterwerfen (vgl. die Ausführungen zu Kant im Kapitel 2). So ist z. B. das Lügen allen menschlichen Subjekten ausnahmslos untersagt. Notlügen mögen unter bestimmten Umständen akzeptabel sein, aber niemals kann Unwahrhaftigkeit *prinzipiell* gut geheißen werden! Was für den einen Menschen gilt, das gilt auch für jeden anderen Menschen. Und wer von einem anderen Menschen als moralisches Wesen anerkannt und von ihm gerecht behandelt werden möchte, der muss auch seinerseits bereit sein, die Moralität und Würde jedes anderen Menschen zu akzeptieren und ihm in seinem Handeln Gerechtigkeit widerfahren lassen („Prinzip der Gleichheit" und „Prinzip der Gegenseitigkeit"). Ohne diese Grundsätze gäbe es keine allgemeinen Menschenrechte und wären demokratische Gesellschaften nicht legitimiert.

Ganz allgemein gesprochen: Die Ethik untersucht, was im individuellen und sozialen Leben sowie im Verhältnis zur Welt wertvoll ist, insofern ethisches Verhalten immer in der Verwirklichung ethischer Werte besteht. Zwar ist nicht von vornherein klar, welches genau die Werte sind, die für alle Menschen (oder moralischen Wesen) gelten und wie im Einzelnen Gerechtigkeit zwischen den Menschen herrschen kann (Was genau bedeutet etwa „Verteilungsgerechtigkeit"? Was „Leistungsgerechtigkeit"?); dennoch gibt es gewisse ethische Grundsätze, auf deren Akzeptanz eine globalisierte Welt nicht verzichten kann, wenn sie in Frieden leben will: die Charta der Menschenrechte liefert hierfür eine Grundlage. Bestimmte ethische Werte der Gesinnung (inneren Haltung) und des Verhaltens sind notwendig, damit ein harmonischer sozialer, politischer, wirtschaftlicher und kultureller Verkehr der Menschen und der Nationen verbindlich geregelt und auf Dauer aufrechterhalten werden kann.

Wie jedoch die Geltung bestimmter Grundwerte – wie etwa Freiheit, Gleichheit und Solidarität – genau zu interpretieren ist, das bedarf häufig der Aushandlung auf interpersoneller, interkultureller oder internationaler Ebene. Nicht selten kommt es bei der Interpretation auch hochrangiger Werte wie der Menschenrechte zu Interessen- und Wertkonflikten: etwa dann, wenn die Weltsicht verschiedener Menschen von unterschiedlichen religiösen, ethnischen oder politischen Ansichten geprägt ist, die nicht kompatibel miteinander sind. Auch sind die Begründungen derselben Werte oftmals verschieden, wenn von verschiedenen philosophischen und weltanschaulichen Hintergründen ausgegangen wird, was zu unterschiedlichen Priorisierungen der Werte (innerhalb der Werte-Hierarchie) und Konsequenzen für das Verhalten führen kann: so stellt sich ein Wert wie „Solidarität" von einer utilitaristischen Position aus anders dar wie von einer kantianischen oder christlichen Warte aus.

Moralisches Intersse und Selbstinteresse

„To have moral concern or respct for others means to place intrinsic value on their good life, to further their happiness for its own sake and not solely for the sake of your own happiness. A self-interested agent, in contrast, accords the happiness of others only instrumental value for his or her own happiness. – That moral concern has something to do with an *unselfish regard for the good life of all others* is accepted by virtually all contemporary moral theories…"

(Krebs 1999: 16)

Ein besonderes Problem in der Anwendung von Werten ergibt sich nun daraus, dass nicht unbedingt klar ist, was alles zum „moralischen Universum" gezählt werden darf bzw. muss. Mit eben einem solchen Anwendungsproblem hat es auch die Umweltethik zu tun. Umweltethik ist angewandte Ethik. Ihre Geltung hängt davon ab, ob der Umwelt der menschlichen Gesellschaft – der Natur also – überhaupt ein moralischer Eigenwert zukommt oder nicht (vgl. hierzu die einführenden Bemerkungen in Kapitel 2). Dass die Natur *für den Menschen* wertvoll ist, ist wohl unbestritten. Aber besitzt sie als Ganze oder besitzen zumindest bestimmte natürliche Entitäten auch einen „Wert an sich selbst", so wie man dem Menschen als solchem einen Wert an sich selbst zuspricht? Anders gefragt: Kommt der Natur oder gewissen Naturwesen ein *intrinsischer* (absoluter) Wert zu oder nur ein *relativer* (abgeleiteter) Wert in Relation zum Wohl des Menschen (sei es eines bestimmten menschlichen Individuums oder sei es der menschlichen Gesellschaft als Ganzer)?

Viele Umweltethiker sind jedenfalls der Ansicht, dass gewissen Wesenheiten in der naturhaften Umwelt des Menschen ein solcher autonomer Wert zuerkannt werden muss, der in unserem Umgang mit ihnen respektiert werden sollte. Wir werden auf die verschiedenen Begründungen für eine solche Ausweitung der „Gemeinschaft moralfähiger Wesen" („moral community") auf die Natur noch näher eingehen (siehe Kapitel 4). Aber auch dann, wenn man sich damit begnügt, der Natur nur in Bezug zum Menschen, zu seinen Bedürfnissen und Interessen, einen *in*direkten Wert zuzuschreiben, stellt die Umweltethik eine Herausforderung an das ethische, politische und wirtschaftliche Verhalten des Menschen gegenüber seiner natürlichen Umwelt dar, insofern ein Bereich angesprochen wird, in dem neuartige Formen einer Güterabwägung auftreten: etwa wie man mit knappen natürlichen Ressourcen (z. B. fossilen Brennstoffe) verfahren soll, deren bedenkenlose Verschwendung zu einem Notstand für künftige Generationen führen kann – das Interesse an unmittelbarer Nutzung gerät hier in Konflikt mit dem Interesse an einer Vorsorge für die Zukunft. Wir werden darauf noch zurückkommen.

> **Kontrollfragen I**
> - Warum sind Prinzipien wie das „Prinzip der Gleichheit" und das „Prinzip der Gegenseitigkeit" grundlegend für jede Ethik, die die Würde des Menschen und eine gerechte Gesellschaft in den Mittelpunkt stellt?
> - Weshalb sind in unserer modernen Gesellschaft „Konflikte zwischen Werten und Interessen" unvermeidlich?

- Was ist die Grundfrage, auf die die Umweltethik eine Antwort zu geben versucht?
- Worin besteht der Unterschied zwischen einer *direkten* und einer bloß *indirekten* ethischen Verpflichtung gegenüber der Natur?

Insgesamt lassen sich *drei Formen von Umweltethik* unterscheiden, die zusammen eine aufsteigende Sequenz bilden, insofern jede nachfolgende Form die vorhergehende einschließt bzw. um zusätzliche „moral agents" erweitert:

3.1.1 Ressourcenethik

In dem Falle, dass der Natur nur in Bezug auf den Menschen ein Wert zuerkannt wird, haben wir es vor allem mit Fragen einer „Ressourcenethik" zu tun. Ressourcenethik ist sicherlich nur Umweltethik im engeren Sinne, ist aber gleichwohl immer auch Bestandteil jeder weiter gehenden Umweltethik. Die Ressourcenethik stellt den Menschen in den Mittelpunkt ihres Interesses, indem sie Aspekte des Umgangs mit knappen, verbrauch- oder zerstörbaren Ressourcen und Umweltmedien wie Wasser, Boden und Luft ethischen Erwägungen unterzieht. Insbesondere beschäftigt sie sich auch mit „erneuerbaren biotischen Ressourcen" wie Wäldern und Fischbeständen.

Aber auch die Frage nach einer gefahrvollen Veränderung des Erdklimas gehört in den Bereich der Ressourcenethik. Nicht zuletzt gehört zu dieser Form der Umweltethik auch die so genannte „Landwirtschaftsethik" („agricultural ethics"), die sich speziell mit Fragen der Landschafts- und Bodenveränderung durch den Landbau befasst. Gerade durch die landwirtschaftliche Nutzung der Umwelt kommt es ja immer wieder zu gravierenden Umweltbeeinträchtigungen. – In der Ressourcenethik wird also danach gefragt, wie wir die von der Natur zur Verfügung gestellten Rohstoffe und Umweltmedien (wie Wasser und Boden) nutzen dürfen, ohne dass dies zu unrevidierbaren Schädigungen (Übernutzung, Umweltverschmutzung usw.) führt. Eine solche Ethik kann noch ausschließlich anthropozentrisch, d. h. von den Interessen des Menschen her, begründet werden.

3.1.2 Tierethik

In der Tierethik geht es um das Wohlergehen individueller schmerzempfindlicher Lebewesen. Da sich die Tierethik zumeist nur um *schmerzempfindliche* Organismen kümmert, ist die Bezeichnung „Tierethik" etwas missverständlich. Das Tierreich wird dadurch aufgeteilt in Tiere mit einem Nervensystem und solche, denen die Schmerzempfindlichkeit aufgrund eines fehlenden Nervensystems abgeht. Die leitende Prämisse ist dabei, dass die Existenz eines Nervensystems eine notwendige Voraussetzung für Leidensfähigkeit ist. Jedenfalls betrachtet die Tierethik das Verhältnis des Menschen zu allen jenen Naturwesen, denen wir unterstellen dürfen, dass sie wie wir selbst zu leiden vermögen. Mit leidensfähigen Lebewesen aber können wir Empathie und Mitleid empfinden. Das Tier als „leidende Kreatur" ist uns Menschen in besonderer Weise geschwisterlich zugeordnet. Außerdem besitzen solche Lebewesen einen ausgeprägten Selbsterhaltungstrieb – sie verfolgen gewissermaßen Interessen, suchen Befriedigung und streben danach, Leid und Unlust zu vermeiden.

Organismen, die an sich selbst ein Interesse haben, erscheinen aber in einem besonderen Maße als moralisch wertvoll, da ihnen eine gewisse Autonomie in ihrem Verhalten zugesprochen werden muss. Dies gilt dabei nicht nur für die großen Menschenaffen, die unsere nächsten Verwandten im Tierreich sind, sondern auch für alle Nicht-Primaten, vorausgesetzt, dass sie schmerzempfindlich sind und sich selbst und ihre Umwelt offenbar bewusst wahrnehmen. – In der Tierethik wird also danach gefragt, ob Tiere – zumindest die empfindungsfähigen – einen Wert und Zweck an sich selbst haben. Und wenn ja, was dies ethisch bedeutet im

Hinblick auf unser Verhältnis und Verhalten zu ihnen. Eine konsequente Tierethik geht über einen rein anthropozentrischen Ansatz hinaus, indem sie „pathozentrisch" denkt.

3.1.3 Naturethik

Die Naturethik behandelt die moralischen Aspekte des Umgangs zum einen mit niederen „empfindungslosen" Lebewesen (Pflanzen, Pilze, Bakterien usw.), zum andern mit überindividuellen biotischen Entitäten wie Arten, Biozönosen, Ökosystemen und Landschaften. Als „Ethik der Bewahrung" oder „Erhaltungsethik" („conservation ethics") thematisiert sie hier Fragen der Erhaltung von Naturarealen vor der Zerstörung durch den Menschen. In diesem Sinne liefert sie zugleich auch einen Beitrag zum umweltbezogenen Zivilisationsschutz. Als „ethics of nature" im engeren Sinne geht es ihr um die Bestimmung des moralischen Status der Natur oder größerer Naturzusammenhänge (Ökosysteme). Wir werden noch sehen, dass die Begründung einer Naturethik vor die schwierigsten Probleme stellt. Geht es hier doch nicht um eine auf einzelne Organismen bezogene Individualethik des Schutzes bestimmter Einzelwesen, sondern um überindividuelle Einheiten: etwa um Artenschutz, vielleicht sogar um den Schutz evolutionärer Potenziale oder Prozesse. Die Naturethik ist in diesem Falle „biozentrisch" (auf alle Lebewesen bezogen) oder „ökozentrisch" (auf Ökosysteme bezogen) oder sogar „holistisch" (auf alle Naturgegenstände bezogen) orientiert.

Naturethische Überlegungen berühren hier schwierige naturphilosophische Fragen. Etwa: Besitzt die Natur als Ganze einen moralischen Status? Rangiert das Schutzrecht von Biotopen höher als das Schutzrecht einzelner Organismen und Arten, so dass wir einzelne Organismen oder sogar ganze Populationen zugunsten der Erhaltung größerer Ökosysteme opfern dürfen? – In der Naturethik wird also danach gefragt, ob jede Form von Leben bzw. auch komplexe Naturzusammenhänge – und vielleicht sogar die Natur im Ganzen – von moralischem Wert und daher unbedingt schützenswert ist. Eine solche Ethik (wie immer sie auch im Einzelnen begründet sein mag) sprengt jedenfalls mehr noch als die Tierethik den Rahmen einer Umweltethik, die allein von den Interessen des Menschen ausgeht. Statt anthropozentrisch, ist die Naturethik somit physiozentrisch ausgerichtet.

> **Eine Prophezeiung der Cree-Indianer aus dem 19. Jahrhundert**
>
> Only when the last tree has died
> and the last river has been poisoned
> and the last fish has been caught
> we will realise that we cannot eat money.

Werfen wir einen kurzen Blick auf die *historische Entwicklung* dieser drei Bereiche der Umweltethik:

Historisch ist die *Ressourcenethik* die älteste Form der Umweltethik. Schon in der frühen Neuzeit fragte man sich, wie man die vorhandenen Naturstoffe – z. B. das Holz der Wälder oder die Eigenschaften von Gewässern – in nachhaltiger (bewahrender) Weise nutzen könnte. Dies gründete in der Erfahrung der Verödung ganzer Landstriche, die man für den Haus- und Schiffsbau total abgeholzt hatte (schon den alten Griechen, die große Flotten unterhielten, ist dies schmerzlich aufgefallen); oder auch in Erfahrungen mit der Verschmutzung von Gewässern, die man zu intensiv etwa für das Gerben von Häuten und das Färben von Textilien genutzt hatte. Einen ersten Höhepunkt fand die ressourcenethische Debatte mit der Erkenntnis der „Grenzen des Wachstums" in den 1970 Jahren, als der „Club of Rome" vor der Übernutzung von fossilen Brennstoffen und zahlreicher Metalllagerstätten gewarnt hatte.

Auch die *Tierethik* besitzt alte philosophische Wurzeln. Schon Immanuel Kant forderte ein Verbot des rohen Umgangs mit empfindungsfähigen Tieren (demgegenüber hatte noch René Descartes, mechanistisch denkend, die Tiere als empfindungslose Maschinen betrachtet). Ein rücksichtsvoller Umgang mit den Tieren könnte zudem zur sittlichen Verbesserung des Menschen beitragen. Sogar der Utilitarist Jeremy Bentham formulierte eine unmittelbare Verpflichtung des Menschen gegenüber leidensfähigen Tieren.

Die *Naturethik* schließlich, insofern sie als „conservation ethics" in Erscheinung tritt, geht auf das Zeitalter der Romantik (Ende des 18. bis ca. Mitte des 19. Jahrhunderts) zurück, als die Schönheit von Landschaften erstmals umfassend gewürdigt wurde. Überhaupt ist der Beitrag des ästhetischen Naturgefühls für das Aufkommen der Umweltethik gar nicht hoch genug einzuschätzen. Dies gilt auch heute noch. In der Traditionslinie der romantischen Naturphilosophie bildete sich im 19. Jahrhundert die Heimat- und Naturschutzbewegung in Europa und Nordamerika heraus: hier verbanden sich erstmals Zivilisations- und Technikkritik mit dem nationalen Heimatgedanken und dem Gefühl einer innigen Verbundenheit mit der Natur. Diese Verbindung lebt auch heute noch in diversen Spielarten der Oköphilosophie oder „deep ecology" sowie der „grünen Bewegung" fort.

Zum Argument der „ästhetischen Kontemplation":

Herr K. und die Natur

Befragt über sein Verhältnis zur Natur, sagte Herr K.: „Ich würde gern mitunter aus dem Hause tretend ein paar Bäume sehen. Besonders da sie durch ihr der Tages- und Jahreszeit entsprechendes Andersaussehen einen so besonderen Grad an Realität erreichen. Auch verwirrt es uns in den Städten mit der Zeit, immer Gebrauchsgegenstände zu sehen. Häuser und Bahnen, die unbewohnt leer, unbenutzt sinnlos wären. Unsere eigentümliche Gesellschaftsordnung lässt uns ja auch die Menschen zu solchen Gebrauchsgegenständen zählen, und da haben Bäume wenigstens für mich, der ich kein Schreiner bin, etwas beruhigend Selbständiges, von mir Absehendes, und ich hoffe sogar, sie haben selbst für den Schreiner einiges an sich, was nicht verwertet werden kann."

(Brecht 1967 [1961]: 381 f. [110])

Zu einer Umweltethik als einem eigenständigen akademischen Feld ist es allerdings erst um 1970 gekommen, als die Bedrohung der natürlichen Lebensgrundlagen des Menschen durch Umweltverschmutzung und Umweltzerstörung unübersehbar wurde. Erst zu dieser Zeit auch war die wissenschaftliche Erforschung komplexer Naturzusammenhänge (Ökologie und Ökosystemforschung) sowie der Wechselwirkungen zwischen Naturhaushalt und Wirtschaft so weit vorangeschritten, dass umweltethische Argumentationen nunmehr auch wissenschaftlich abgesichert werden konnten. Vor allem die Ressourcenethik, aber auch die Landschaftsethik, erfuhr dadurch als „ökologische Ethik" einen immensen Aufschwung. Damit einher ging ein starker öffentlicher Bewusstseinswandel hin zu einem ausgeprägten Umweltbewusstsein. Erstmals auch konnte die Umweltbewegung ihren Protest gegen die Zerstörung und Verschandelung der natürlichen Umwelt in Form von Umweltparteien artikulieren und durch deren Einzug in zahlreiche nationale Parlamente politisch wirksam werden (vgl. die ähnlichen Ausführungen in Kapitel 1).

Damals wurde vielen Menschen rund um den Globus deutlich, dass das Nachdenken über das Verhältnis von Mensch, Gesellschaft und Natur integraler Bestandteil *jeder* Ethik sein sollte. Auch die Tierschützer konnten jetzt ihr Anliegen auf einen erhöhten Schutz leidensfähiger Tiere besser geltend machen: dies betraf zum einen die Behandlung von Tieren in der Landwirtschaft (Tierhaltung) und in der Forschung (Tierexperimente), zum andern aber auch die Einsicht, dass dem anhaltenden Artensterben (Vögel, Wale, große Menschenaffen usw.) endlich Einhalt geboten werden müsse. Die Forderung nach einem ethisch angemessenen Umgang mit Tieren und nach dem Schutz bedrohter Arten sowie bedeutsamer Ökosysteme (etwa der tropischen Regenwälder), deren Beitrag als Lebensraum, aber auch für das Weltklima erkannt wurde, wurde unüberhörbar.

Es ist klar, dass es damit auch innerhalb der Umweltethik zu einem Konflikt zwischen einer ‚nur' anthropozentrisch und einer physiozentrisch ausgerichteten Ethik kommen musste. Wie sind die jeweiligen Interessen von Menschen und Tieren (bzw. Pflanzen, Biotopen, Arten usw.) gegeneinander ethisch zu gewichten? In welchen Fällen hat das Interesse des Menschen gegenüber dem von anderen Lebewesen zurückzutreten? Umweltethiker müssen ihre Anliegen also nicht nur gegenüber wirtschaftlichen und sozialen Interessen behaupten, sondern haben auch mit internen Auseinandersetzungen um die „richtige" Umweltethik zu kämpfen.

Kontrollfragen II

- Um welche natürlichen Ressourcen geht es in der Ressourcenethik?
- Bezieht sich die Tierethik auf *alle* Tiere?
- Diskutiere: Wie lässt sich feststellen, ob ein Lebewesen ein „Interesse an sich selbst" besitzt?
- Umfasst die Naturethik auch leblose Gegenstände? Zum Beispiel auch Mineralien oder Kometen?
- Inwiefern kann auch dem Klima ein ethischer Wert zukommen, so dass es bewahrt werden sollte?
- Diskutiere: Kann es zu einem Konflikt kommen zwischen dem Bestreben, ganze Ökosysteme zu erhalten, und der Absicht, einzelne Lebewesen zu schützen?
- Diskutiere: In welchem Sinne ist der Mensch Teil der Natur und in welcher Hinsicht steht er der Natur gegenüber?

3.2 Lektion 2: Die drei Ebenen umweltethischer Reflexion

Lernziele dieses Abschnitts

Nach Durcharbeitung dieses Unterkapitels wird die/der Lernende in der Lage sein,

(1) zu verstehen, zu welchen Ebenen des umweltethischen Denkens die Umweltethik beizutragen vermag,
(2) zu erläutern, in welchen Hinsichten die Umweltethik umweltpolitische Entscheidungen beeinflussen oder sogar anleiten kann,
(3) zu erläutern, was die Naturwissenschaften (insbesondere die Ökologie) und die Umweltethik wechselseitig voneinander lernen können,
(4) darzustellen, wie schwierig es ist, den tatsächlichen Erfolg von Maßnahmen zum Umweltschutz zu messen oder sonstwie nachzuweisen,
(5) zu begründen, warum wir Menschen ein Interesse an einem umfassenden Schutz der Natur haben sollten.

Für die Umweltethik haben wir drei Bereiche unterschieden: Ressourcenethik – Tierethik – Naturethik. Diese Arbeitsteilung kann im konkreten Anwendungsfall auch aufgehoben sein. Die Abgrenzungen gelten demnach nur analytisch und nicht kategorisch (absolut). Manche Umweltprobleme – wie etwa im Gewässerschutz, bei der Einrichtung von Naturparks, bei der großräumigen Stadtplanung usw. – weisen sowohl ressourcen- als auch tier- und naturethische Aspekte auf.

Für eine Systematik der Umweltethik ist aber nicht nur die Unterscheidung der drei genannten Themenbereiche (die unter Umweltethikern weitgehend Konsens ist) wichtig, sondern auch die Unterscheidung mehrerer Ebenen, auf denen die Umweltethik zum Tragen kommt. Einem Vorschlag von Konrad Ott (Ott 2000) folgend, lassen sich drei solcher Ebenen voneinander abgrenzen:

(1) Philosophische Ebene (Ethik)
(2) Politisch-rechtliche Ebene (Gesetze)
(3) Ebene des Umweltschutzes (einzelne Fälle und Maßnahmen)

Zum einen herrscht zwischen diesen drei Ebenen Arbeitsteilung, zum andern bauen sie aufeinander auf: öffentliche Maßnahmen in Bezug auf einzelne Fälle (Umweltmanagement) müssen rechtlich abgesichert, das Recht seinerseits muss in ethischen Prinzipien verankert sein.

3.2.1 Philosophische Ebene

Auf dieser „hohen" Ebene geht es um prinzipielle Begründungen: es werden ethische Geltungsansprüche erhoben, die universell – d. h. für alle Mitglieder der ethischen Diskursgemeinschaft – gelten sollen. In dem philosophischen Diskursuniversum der Umweltethik werden die Argumente pro oder contra bestimmte umweltethische Positionen entwickelt und zur Debatte gestellt. Die Teilnehmer an dieser Diskussion sind zunächst einmal die akademisch tätigen Ethik-Experten, die Umweltethiker; sodann gehören alle Personen dazu, die in ihrem beruflichen Kontext umweltrelevante Entscheidungen zu treffen haben (Politiker, Juristen, aber auch Ingenieure, Biotechnologen usw.); in einem erweiterten Rahmen können aber alle Menschen an der umweltethischen Debatte partizipieren, insofern sie über ein entwickeltes Umweltbewusstsein verfügen und sich über ihre Handlungen gegenüber der Umwelt Rechenschaft ablegen wollen. Zur Orientierung sind alle Nicht-Philosophen unter den Teilnehmern des umweltethischen Diskurses freilich auf die Vorarbeit der Ethikexperten angewiesen: von den Umweltethikern erwarten sie begründete Vorschläge für ein umweltgerechtes Verhalten und die argumentative Auflösung umweltethischer Konflikte.

Allerdings existieren *innerhalb* der Umweltethik – wie oben schon angedeutet wurde – Kontroversen zwischen den Umweltethikern, die eine Orientierung bislang erschweren: insbesondere anthropozentrische und physiozentrische Positionen stehen sich hier zum Teil schroff gegenüber. Und der Nachvollzug der Argumente, die von Philosophen pro und contra im Hinblick auf die verschiedenen Alternativen vorgebracht werden, ist dem breiteren Publikum nicht so ohne weiteres möglich. Wenn aber schon die innerphilosophische Debatte zu keinen objektiv gültigen Ergebnissen führt, dann ist eine umweltethische Beratung der Öffentlichkeit und vor allem der Entscheidungsträger (Politiker, Ingenieure usw.) nur begrenzt möglich. Letztlich muss jeder Mensch und jede Gesellschaft selbst entscheiden, ob er oder sie neben anthropozentrischen Argumenten auch physiozentrischen Argumenten Gewicht verleihen will – und in welchem Maße.

Ob und inwieweit also tier- und naturethische Aspekte im Verhalten von Menschen und Gesellschaften eine Rolle spielen sollen, muss letztlich von jedem Menschen *persönlich* bzw. – auf der nationalen und internationalen Ebene – *politisch* entschieden werden. Damit diese Entscheidungen jedoch nicht bloß intuitiv und mehr oder minder unbegründet getroffen werden, ist es notwendig, sich ein fundiertes Bild von den kontroversen Diskussionen innerhalb der professionellen Umweltethik zu verschaffen. Eben dieses Ziel verfolgt das vorliegende Buch: es soll einen Überblick über die Vielfalt und Verflochtenheit der verschiedenen umweltethischen Positionen geben, auf dessen Grundlage argumentativ abgestützte Meinungen und umweltrelevante Entscheidungen im persönlichen Leben, aber auch im öffentlichen Raum entwickelt und verantwortet werden können. Der Fokus des vorliegenden Buches wird daher auf der Analyse der umweltethischen Debatten liegen, um dadurch dem Leser eine Orientierung zu geben, die es ihm ermöglicht, zu einem ethisch angemessenen Verhältnis und Verhalten gegenüber der Umwelt zu finden.

3.2.2 Politisch-rechtliche Ebene

Auf dieser Ebene geht es um die Definition kollektiv verbindlicher normativer Regelungen und Handlungsziele (etwa von „Umweltqualitätszielen"). Eine solche Definition setzt bereits gewisse umweltethische Einstellungen und Vorentscheidungen voraus. Umweltrelevante Ziele und Programme werden von der Politik – Regierungen, Parlamenten und Verwaltungen – festgelegt, in Kraft gesetzt und kontrolliert. Das entscheidende Instrument ist dabei das jeweils geltende *Umweltrecht*. Im Umweltrecht verbinden sich ethische Vorstellungen und die politische Willensbildung in Form von Gesetzen und Verordnungen, die für alle Staatsbürger verpflichtend sind. Der Spielraum gesetzlicher Verfügungen ist sehr groß (im 5. Kapitel werden wir darauf zurückkommen): so können neben strikt verbindlichen Gesetzen etwa auch Richtlinien, Quoten und Standards definiert werden. Die Rolle der umweltethischen Beratung kann in diesem Regulierungsprozess etwa darin bestehen, die unterschiedlichen Ansprüche auf eine kollektive und eine individuelle Nutzung von Umweltgütern (Wasser, Boden, Luft usw.) gegeneinander abzuwägen: inwieweit hat etwa ein Unternehmer ein Recht auf die freie Nutzung bzw. Belastung von Wasser und Luft? Inwieweit können in liberalen Gesellschaften individuelle Rechte zugunsten der Gemeinschaft eingeschränkt werden? Inwieweit geht das Recht auf die Erhaltung von bestimmten Arbeitsplätzen dem Recht der Gesellschaft auf die Erhaltung einer intakten und gesunden Umwelt vor? Allgemeiner: Wie kann eine konsequente Umweltpolitik mit berechtigten Wirtschaftsinteressen harmonisiert werden? Wie sind umweltpolitische Nachhaltigkeitsziele (beim Rohstoffverbrauch, bei der Energieversorgung usw.) mit kurzfristigen privaten Profitinteressen zu vereinbaren?

Die Umweltethik kann also, insofern sie außerhalb der akademischen Diskussionszirkel wirksam werden will, durchaus dazu beitragen, Umweltpolitik zu beraten und das Umweltbewusstsein der Öffentlichkeit zu wecken und zu schärfen, indem sie sich in die öffentliche Debatte um das Erreichen von Klimazielen, um die Rettung der tropischen Regenwälder und der Fischbestände in den Weltmeeren, um ökologische Gerechtigkeit (bei drohender Benachteiligung sozialer Randgruppen oder von Menschen in der Dritten Welt) und vieles mehr engagiert einmischt. Insbesondere bei der Festlegung von Umweltzielen, Qualitätsstandards und Zumutbarkeitsgrenzen sind Umweltethiker gefordert, insofern es hier um die *qualitative* Dimension umweltpolitischer und rechtlicher Maßnahmen geht. Zumal ohne eine ethisch angemessene Bestimmung des *Verhältnis*ses von Mensch/Gesellschaft und Natur konkrete Maßnahmen zur Regulierung des *Verhaltens* gegenüber der natürlichen Umwelt gar nicht ethisch akzeptabel begründet werden können.

3.2.3 Ebene des Umweltschutzes

Auf dieser Ebene geht es um die Behandlung einzelner Fälle von Umweltbelastung oder Umweltzerstörung bzw. von Umweltschutz mit Hilfe konkreter Maßnahmen. Diese Maßnahmen sind in erster Linie technischer Art. Das konkrete Umweltmanagement steht im Vordergrund, womit das Know-how der praktischen Umweltexperten (Umwelttechniker usw.) gefragt ist. Die Umweltethik kann nun zwar nicht unmittelbar zur *technischen Lösung* von Umweltproblemen beitragen, sie kann aber nach dem *Sinn* solcher technischer Maßnahmen und nach ihrer normativen Legitimation fragen sowie bei der Abwägung zwischen verschiedenen technischen Lösungen behilflich sein, insofern die Eingriffstiefe, die Kosten und die möglichen unerwünschten Nebenwirkungen der verschiedenen Maßnahmen unterschiedlich sind. Die Durchführung technischer Maßnahmen erfolgt ja nicht im ethikfreien Raum: stets werden kollektive und individuelle Rechtsgüter berührt, zumal solche Maßnahmen niemals allen Interessen der Betroffenen gerecht zu werden vermögen. Wer hat das Nachsehen? Wer trägt die Kosten? Wie nachhaltig sollte die Wirkung einer Maßnahme sein? Gerade bei dieser Abwägung kann es zu Konflikten zwischen einer mehr anthropozentrischen und einer mehr physiozentrischen Sichtweise kommen. Was ist hier wirklich (und vorrangig) schutzwürdig? Die menschliche Wohlfahrt oder die von Tieren und Pflanzen beispielsweise?

Weiterhin: Ist die Maßnahme überhaupt geeignet, wenn das zur Bewältigung anstehende Umweltproblem sehr komplex und der Erfolg der Maßnahme unsicher ist? Technisches Hineinhandeln in komplexe Naturzusammenhänge (Ökosysteme) geschieht immer mit einer gewissen Unsicherheit, ob sich der gewünschte Erfolg überhaupt einstellen wird oder ob nicht vielleicht unerwünschte (und unvorhergesehene) Effekte überwiegen werden. Die Abschätzung technologischer Effekte ist im Freiland weitaus schwieriger als im geschlossenen Labor. Eingriffe in die Natur sind auch dann, wenn sie einer Renaturierung oder dem Auffangen von Umweltbelastungen (etwa durch Verschmutzung der Luft, des Wassers oder des Bodens) dienen, stets Realexperimente mit der Natur, deren Folgen mitunter nicht revidierbar sind. Es gibt daher Dissens unter den Umweltethikern, welche Bedeutung ökonomischen und ökologischen Methoden überhaupt bei der Behandlung von Umweltproblemen zukommt: insbesondere die Ökologie erscheint vielen Umweltethikern als „weiche Wissenschaft" („weak science") mit nur geringer Vorhersagekraft. Häufig wird auch die quantitative (geldmäßige) Bewertbarkeit von Effekten in Kritik gezogen: Wie hoch soll man etwa die „Kosten" für das Aussterben einer bestimmten Insektenart im Regenwald des Amazonas veranschlagen? Lässt sich so etwas überhaupt in Zahlen ausweisen?

Auch die Frage, worin genau das angebliche Umweltproblem eigentlich besteht und wie dringlich seine Lösung ist, kann umweltethische Überlegungen auf den Plan rufen. Diese Frage geht ja über rein technische Aspekte hinaus und betrifft *normative* Aspekte, mit denen es die Umweltethik genuin zu tun hat. Was ist überhaupt eine „gute Praxis" im Umweltmanagement? Bevor man Risikoanalysen betreibt, ist ja normativ zu klären, was überhaupt ein wirkliches Risiko ist (dies ist eine Frage der Risiko*wahrnehmung*). Und bevor man sinnvoll eine „Kosten-Nutzen-Analyse" durchführen kann, muss klar sein, welche Werte überhaupt im Spiel sind und was etwa eine „intakte Umwelt" uns, der Gesellschaft, wert ist und welche Kosten wir mithin für ihren Erhalt aufzubringen bereit sind! Auch das Ranking der Werte, die zur Diskussion stehen, muss zuvor bestimmt worden sein. Und nach welchen normativen Kriterien sollte man überhaupt „Naturwerte" charakterisieren? Utilitaristisch nach dem Nutzen für den Menschen? Oder doch eher deontologisch (auf einen inhärenten Selbstwert der Natur hin bezogen)? An dieser Stelle spätestens kommen wieder jene umweltethischen Fragen ins Spiel, die bereits auf dem höheren „philosophical level" einschlägig waren.

Ferner: Auch die Frage, was eigentlich ein gutes Umweltschutzziel ist bzw. woran der Erfolg einer Maßnahme sichtbar werden kann, ist häufig weder wissenschaftlich noch ethisch leicht zu beantworten. Manche Umweltethiker, die vom Ökosystem-Gedanken herkommen, meinen, dass das Gleichgewicht der Natur („balance of nature"), dessen Erhaltung oder Wiedergewinnung, das Hauptziel des Umwelt- und Naturschutzes sein sollte. Doch ist nicht immer klar, wann wir überhaupt von einem stabilen und gleichgewichtigen Ökosystem sprechen können, und wo genau die Grenzen der Belastbarkeit eines stabilen Systems (etwa des globalen Klimas oder eines Korallenriffs) liegen. Auch ist fraglich, ob nicht vielleicht in der Natur immer wieder auftretende Ungleichgewichte und Instabilitäten im Prinzip sogar wünschenswert sind, weil dadurch Wandel und Evolution begünstigt werden. Ist es nicht vielleicht so, dass gerade Intabilitäten der Motor der Evolution sind und langfristig stabile Systeme eher die Ausnahmen in der Natur bilden? Auf diese und andere schwierige Fragen wird das 6. Kapitel in diesem Buch noch näher eingehen.

Umgekehrt ist es für die Umweltethik, für ihren möglichen Beitrag zur Lösung konkreter Umweltprobleme, wichtig zu wissen, welche naturwissenschaftlichen und technischen Möglichkeiten (Methoden, Instrumente usw.) tatsächlich zur Verfügung stehen, um zum einen die spezifische Beschaffenheit eines bestimmten Umweltproblems messen oder sonstwie bestimmen zu können, und um zum andern den Erfolg einer durchgeführten Maßnahme feststellen zu können. Es nützt ja wenig, wenn z. B. ethisch klar ist, dass jeder Mensch ein Anrecht auf sauberes Trinkwasser hat, aber keine Methoden dafür vorhanden sind, um die Qualität des Wassers zu bestimmen und Grenzwerte für seine Belastbarkeit festzulegen sowie die tatsächliche Einhaltung dieser Toleranzschwellen auch messbar und wirksam kontrollieren zu können. Die Einlösung von *normativen* Forderungen seitens der Umweltethiker bedarf also der Methoden des *technischen* Umweltschutzes. Ethische Normen müssen oftmals erst in technisch kontrollierbare Normen (z. B. Grenzwerte) übersetzt werden, um praktische Bedeutung zu erhalten. Aus diesem Grunde gibt es unter den Umweltethikern nicht wenig Streit, wie weit sich die Umweltethik verwissenschaftlichen sollte. Klar dürfte aber sein, dass eine moderne (synthetische) Umweltethik weder an den Erkenntnissen der wissenschaftlichen Ökologie noch an den technologischen Möglichkeiten des praktischen Umweltschutzes vorbeigehen kann.

Als *angewandte* Ethik ist die Umweltethik auf die Resultate der *empirischen* Wissenschaften angewiesen, wenn es darum geht, *realistische* Forderungen und Perspektiven zu formulieren. Zwar lässt sich das Sollen nicht vom Sein ableiten (wie ein alter philosophischer Grundsatz lautet), weil ethische *Prinzipien* grundsätzlich aller Empirie (Erfahrung) vorausgehen und universell gelten wollen, aber gleichwohl ist die *Reichweite* der Umweltethik abhängig von wissenschaftlichen Erkenntnissen: die Frage etwa, welche natürlichen Entitäten (Wesenheiten) zu den „moralischen Akteuren" („moral agents") bzw. zur „Gemeinschaft moralfähiger Wesen" („moral community") zu zählen sind und welche nicht, dies kann nicht nur intuitiv entschieden werden. Ob z. B. ein Fadenwurm ein Nervensystem besitzt und dadurch möglicherweise leidensfähig und mithin aus pathozentrischer Sicht schutzwürdig ist, das kann nur im Zuge einer biologischen Untersuchung festgestellt werden. Auch die Frage, welche Faktoren und in welchem Ausmaß für das Umkippen des Weltklimas verantwortlich sind (wirklich hauptsächlich „anthropogene" Faktoren?), muss erst durch eine genaue Analyse des Klimawandels geklärt werden, bevor die wirklichen „Klimasünder" namhaft gemacht und zur Verantwortung gezogen werden können.

Aber natürlich kann die Umweltethik auch schon vorher auf mögliche Risiken und Verursacher hinweisen und entsprechende Untersuchungen und Vorsichtsmaßnahmen bei Emissionen einfordern, indem sie auf die Verpflichtung zur Erhaltung günstiger Lebensbedingungen für alle Menschen auf dieser Erde und auch für alle sonstigen Arten pocht. Angesichts einer unklaren Ursachenlage zur Vorsicht zu mahnen und anthropogene Emissionen sicherheitshalber zurückzufahren, dies kann durchaus ein umweltethisches Gebot sein! Gleichwohl werden sich umweltpolitische und umweltrechtliche Entscheidungen niemals allein auf umweltethische Forderungen und Bedenken stützen können, sondern zu ihrer

Legitimation immer auch der wissenschaftlichen Expertise und der Möglichkeiten des technischen Umweltschutzes bedürfen.

Die Umweltethik ist in jedem Falle eine gewichtige Stimme, wenn es darum geht, unser Verhältnis und Verhalten gegenüber der Natur zu bestimmen. In praktischer Hinsicht wird sie sich dabei – jenseits aller internen Positionskämpfe – an den Ideen der *Gerechtigkeit* für alle schutzwürdigen Wesen (wie weit auch immer über den Menschen hinaus) und der *ökologischen Nachhaltigkeit* (zur Bewahrung des natürlichen Erbes über die Zeit hinweg) zu orientieren haben. Die von der Umweltethik entwickelten Leitbilder der Nachhaltigkeit (besonders für die Ressourcenethik), des artgerechten Umgangs mit Tieren (Tierethik) und der intakten Naturlandschaft (Naturethik), gelten dabei nicht nur für sie selbst, sondern sollen das Handeln des Menschen gegenüber der Umwelt anleiten. Die Umweltethik bildet damit die Grundlage für jede Umwelt*bildung*. Auf der philosophischen Ebene bietet die Umweltethik Begründungen für verschiedene Bereiche des Umwelthandelns an, die von uns allen auf der politischen und kasuistischen (einzelfallbezogenen) Ebene individuell oder kollektiv umgesetzt werden sollen. Die Umweltethik ist und bleibt daher eine anhaltende Herausforderung an die moderne Gesellschaft, indem sie nachdrücklich für einen behutsamen und ethisch sensiblen Umgang mit der Natur eintritt.

Kontrollfragen III
- Für wen sind philosophische Überlegungen zur Umweltethik wichtig? Und warum?
- Was ist das zentrale Problem in den Debatten der Umweltethiker?
- Diskutiere: Inwiefern können umweltethische Überlegungen umweltpolitische Entscheidungen beeinflussen?
- Nenne Beispiele, in denen ökonomische Interessen mit umweltethischen Vorstellungen in Konflikt geraten können! Und diskutiere Lösungsmöglichkeiten!
- Diskutiere: Welche Rolle spielt das Umweltbewusstsein für das umweltgerechte Verhalten?
- Nenne Beispiele von Umweltbelastungen und Umweltschädigungen aus deinem eigenen Lebensumfeld, für das die Gesellschaft Lösungen finden sollte? Und was könntest du selbst hierzu beitragen?
- Was kann es im konkreten Falle so schwierig machen, den Erfolg von Maßnahmen zum Umweltschutz festzustellen?
- Diskutiere: Wie wichtig sollte der Gesellschaft die Erhaltung einer „intakten Natur" sein? Auch dann, wenn wir dafür auf viele Annehmlichkeiten im Leben verzichten müssten?
- Diskutiere: Ist es nicht ein völlig normaler Vorgang innerhalb der natürlichen Evolution, wenn immer wieder ganze Arten verschwinden und Ökosysteme sich radikal wandeln? Wieso sollten dann wir Menschen aus ethischen Gründen auf Arten- und Umweltschutz Wert legen? Anders gefragt: Wenn die Natur selbst rücksichtslos gegen Tiere und Pflanzen ist, warum sollten dann wir Menschen rücksichtsvoll gegenüber nicht-menschlichen Lebewesen sein?

Literatur

Brecht, Bertolt (1967): *Geschichten vom Herrn Keuner*. In: *Gesammelte Werke*. Bd. 12, Prosa 2. Frankfurt. English: Brecht, Bertolt (1961): *Tales from the Calendar. Anecdodes of Mr Keuner*. Translated by Yvonne Kapp. London.

Eser, Uta / Pothast, Thomas (1999): *Naturschutzethik. Eine Einführung für die Praxis*. Baden-Baden.

Krebs, Angelika (1999): *Ethics of Nature*. Berlin.

Ott, Konrad (2000): Umweltethik – Einige vorläufige Positionsbestimmungen. In: Ott, Konrad / Gorke, Martin (eds.): *Spektrum der Umweltethik*. Marburg, S. 13-39.

Pfordten, Dietmar von der (1996): *Ökologische Ethik*. Reinbek.

Thomas, Keith (1983): *Man and the Natural World. A History of the Modern Sensibility*. New York.

4. Hauptansätze der Umweltethik
Kees Vromans & Rainer Paslack

Hauptziele dieses Kapitels

- Der/die Lernende versteht, dass die Umweltethik die vermeintliche moralische Überlegenheit des Menschen gegenüber Angehörigen anderer Spezies dieser Erde infrage stellt. Die Umweltethik sucht nach rationalen Argumenten, um der Natur und der Umwelt (mit ihren nicht-menschlichen) Elemente einen moralischen Status zuschreiben zu können.
- Es wird gezeigt, dass in der Umweltethik zwei Sichtweisen miteinander konkurrieren: die anthropozentrische und die nicht-anthropozentrische (physiozentrische) Anschauung.
- Der/die Lernende lernt die Argumente kennen, auf denen die wichtigsten Theorien innerhalb der beiden Sichtweisen aufbauen.
- Der/die Lernende weiß, wie er/sie sich selbstständig mehr Wissen über diese Theorien aneignen kann.
- Anhand eines Beispiels lernt er/sie, wie die eigenen Werte mit Hilfe eines Stufenmodells und mit Blick auf die grundlegenden Einstellungen des Menschen gegenüber der Natur und Umwelt bestimmt werden können.

4.1 Einführung: Moralische Fürsorge gegenüber Natur und Umwelt

Wie wir in den Kapiteln 2 und 3 ausgeführt haben, entstand die Umweltethik als eine neue Unterdisziplin der Philosophie in den frühen 1970er Jahren. Bis dahin hatte die Philosophie menschliche Handlungen allein in Bezug auf Menschen hinterfragt. Handlungen gegenüber der Natur wurden ausschließlich aus einer anthropozentrischen Sicht behandelt. Solche Handlungen sind gut oder nicht gut, wenn es um das Wohlergehen von Menschen geht.

Durch die Umweltethik wird der traditionelle Anthropozentrismus herausgefordert. Denn erstens stellt Umweltethik die moralische Überlegenheit der Menschen gegenüber den Mitgliedern anderer Spezies auf dieser Erde infrage. Und zweitens untersucht sie die Möglichkeit, auf rationale Weise der natürlichen Umwelt intrinsische Werte (Werte an sich selbst) zuzuschreiben.[7]

4.2 Lektion 1: Die anthropozentrische Sicht

Lernziele dieses Abschnitts

Nachdem der/die Lernende dieses Unterkapitel durchgearbeitet hat, wird er/sie verstehen,
- was der Begriff „anthropozentrisch" bedeutet,
- wie die anthropozentrische Sicht von Umweltethik philosophisch begründet ist,
- dass der anthropozentrische Ansatz innerhalb der Umweltethik nicht nur instrumentelle, sondern auch ästhetische und kontemplative Werte kennt.

4.2.1 Verschiedene anthropozentrische Positionen

Die zentrale ethische Frage lautet: Wer oder was zählt zum moralischen Universum? Anders gefragt: Gegenüber wem oder was haben wir *direkte* moralische Verpflichtungen? Wem oder was kommt eine Würde zu, die respektiert werden muss?

In diesem Abschnitt des Kapitels beschäftigen wir uns freilich nur mit der anthropozentrischen Sicht auf das moralische Universum. Zunächst können wir feststellen: Die anthropozentrische Sichtweise in der Umweltethik ist völlig menschenzentriert. Jedoch auch innerhalb der engen Grenzen des moralischen Universums, das als ein streng menschli-

---

[7] Siehe: http://plato.stanford.edu/entries/ethics-environmental

ches Universum angesehen wird, zeigen sich verschiedene Möglichkeiten, unsere zentrale Frage nach dem Gegenstand von Wertzuschreibungen zu beantworten. Die wichtigsten möglichen Antworten sind (wir folgen hier Krebs 1999: 19 f.): Einen moralischen (intrinsischen) Wert an sich selbst

1. besitze nur ich selbst (Egoismus)
2. besitzen ich, meine Familie und meine Freunde (Kleine-Gruppe-Egoismus)
3. besitzen alle Personen meiner sozialen Klasse (Klassendenken)
4. besitzen alle Bürger meines Landes (Nationalismus)
5. besitzen alle Menschen meiner Rasse (Rassismus)
6. besitzen alle Personen meines Geschlechts (Sexismus)
7. besitzen alle lebenden menschlichen Wesen (gegenwartsbezogener Universalismus)
8. besitzen alle jetzt lebenden menschlichen Wesen sowie jene der Vergangenheit (Universalismus einschließlich der Vergangenheit)
9. besitzen alle jetzt lebenden menschlichen Wesen und jene in der Zukunft (Universalismus einschließlich der Zukunft)

Angesichts dieser Abfolge, in der jeweils die nachfolgende Position die Grenzen des moralischen Universums erweitert, gilt eine moralische Theorie dann als anthropozentrisch, wenn sie sich auf eine der Positionen zwischen 1 bis 9 hinsichtlich der Grenzen des moralischen Universums beschränkt und alles, was nicht-menschlicher Natur ist, von einer *direkten* moralischen Fürsorge ausschließt. Von einer erweiterten („physiozentrischen") Perspektive her, die auch die nicht-menschlichen Wesen in das moralische Universum mit einbezieht, kann dieser anthropozentrische Standpunkt als ein „Spezies-Egoismus" oder „Speziesismus" (wie es Peter Singer nennt: Singer 1975) erscheinen oder sogar als eine Form von „menschlichem Chauvinismus" (siehe Routley/Routley 1979).

Die oben genannte Abfolge bildet also eine hierarchische Struktur, die das Blickfeld des Anthropozentrismus mehr und mehr erweitert, jedoch innerhalb der Grenzen des Menschlichen verbleibt. Wir können hier zwar nicht alle diese unterschiedlichen Positionen im Einzelnen diskutieren, aber die anthropozentrische Position Nr. 9 ist insofern von besonderem Interesse, als sie nicht nur die lebenden Menschen der Gegenwart einbezieht, sondern auch die der Zukunft! In der Tat werden ja die Chancen zukünftiger Generationen auf ein gutes Leben durch das, was wir heute der Natur antun, erheblich verringert. Wenn moralischer Respekt im Respekt vor dem Recht auf ein gutes Leben aller anderen besteht, dann muss er auch das gute Leben zukünftiger Generationen mit einbeziehen. Es ist schwer vorstellbar, welches stichhaltige Argument gegen diesen Ansatz vorgebracht werden könnte. Oder wie Angelika Krebs sagt (Krebs 1999: 20): „Disregarding the good life of those who come after us, who have a different position in time, is parallel to disregarding the good life of those who have a different position in space, for instance people in the Third World. If the second is immoral, the first must be immoral too."[8] Allerdings ist nicht unbedingt klar, wie die Zukunft aussehen wird und was zukünftige Generationen für ein gutes Leben benötigen werden. Das können wir zwar nicht genau wissen, gleichwohl gibt es einige grundlegende Bedürfnisse der kommenden Generationen, die wir uns vorstellen (antizipieren) können: obwohl wir ihre persönlichen und kulturspezifischen Möglichkeiten für ein gutes Leben nicht exakt kennen können, lässt sich einiges darüber sagen, was auch zukünftige Generationen wohl als notwendig für ein gutes Leben erachten dürften: „They will, for example, want to be healthy and many of them will want to enjoy clear summer days. If we destroy the ozone layer and future generations must remain indoors to avoid skin cancer, how could this be morally right?" (Krebs 1999: 20)[9]

---

[8] „Die Gleichgültigkeit gegenüber dem guten Leben derjenigen, die nach uns kommen und eine andere Position in der Zeit haben, entspricht der Gleichgültigkeit gegenüber dem guten Leben derjenigen, die eine andere räumliche Position einnehmen, so beispielsweise gegenüber den Menschen in der Dritten Welt. Wenn das letztere unmoralisch ist, muss es das erstere auch sein."

[9] „Sie werden z. B. gesund sein wollen und viele von ihnen werden klare Sommertage genießen wollen. Wenn wir die Ozonschicht zerstören und künftige Generationen in

Wir können sagen: Unter der Voraussetzung der Sicherung ihres Fortbestands werden auch künftige Generationen genau dieselben moralischen Rechte beanspruchen wie die heutigen Generationen, einschließlich des Rechts zu leben. Deshalb kann eine anthropozentrische Ethik mit guten Gründen von uns Heutigen die Verpflichtung einfordern, die Umwelt um des menschlichen Wohlergehens und Wohlstands willen in Gegenwart *und* Zukunft zu respektieren. Jedenfalls ist es offensichtlich, dass die Handlungen, die *wir* heute vollziehen, einen großen Einfluss auf das Wohlergehen künftiger Generationen haben werden (vgl. Gewirth 2001). Obwohl es keine Gegenseitigkeit zwischen den Generationen gibt (weil zukünftige Generationen nichts für uns tun können, wohl aber wir für sie) und ein gewisses Problem der „Nicht-Identität" besteht (weil wir nicht genau wissen können, wer und wie die zukünftigen Menschen sein werden; vgl. Parfit 1984), kann man argumentieren, dass wir moralisch verpflichtet sind sicherzustellen, dass auch künftige Generationen ihre grundlegenden Bedürfnisse zu befriedigen vermögen. Dies zwingt uns beispielsweise dazu, „über das Ausmaß an Schadstoffemissionen, den Raubbau an natürlichen Ressourcen, über Klimaveränderung und Bevölkerungswachstum nachzudenken und unser Verhalten entsprechend zu korrigieren" (Cochrane 2007).

4.2.2 Instrumenteller Wert der Natur

In der anthropozentrischen Sichtweise haben Tiere, Pflanzen, Ökosysteme und die gesamte Natur nur einen „Wert" in Bezug auf die Menschen und ihre Interessen. Zumeist wird der Wert, den sie besitzen, „instrumenteller Wert" genannt. Die wichtigste Konsequenz in Bezug auf den Umwelt- und Naturschutz ist aus dieser Perspektive: Der einzig akzeptable Grund, die Natur zu erhalten und zu kultivieren, besteht darin, dass die Befriedigung grundlegender menschlicher Bedürfnisse – wie die Er-

---

ihren Häusern bleiben müssen, um Hautkrebs zu vermeiden, wie kann dies moralisch richtig sein?"

nährung des Körpers und die Erhaltung der Gesundheit – von der Natur abhängig ist. Die Natur (insbesondere in Hinsicht auf die Begrenztheit der natürlichen Ressourcen) ist eine Vorbedingung für unser biologisches, ökonomisches und soziales Leben; ohne eine intakte Natur ist menschliches Leben auf Dauer nicht möglich.

In einer anthropozentrischen Sichtweise ist die Natur (sind Luft, Wasser, Mineralien, Tiere, Pflanze usw.) notwendig und wertvoll für den Menschen – aber eben auch *nur in diesem Sinne* wertvoll! Es gibt keinen anderen Grund, die Natur als solche moralisch wertzuschätzen, da sie keinen Wert an sich, sondern nur in Bezug auf menschliche Interessen besitzt. Auch die Zurückhaltung im Verbrauch natürlicher Ressourcen (wie Tiere, fossile Brennstoffe, Mineralien etc.) kann nur in Bezug auf die Bedürfnisse und Interessen der heutigen oder allenfalls künftiger Generationen gerechtfertigt werden.

Auch die Diskussion von „nachhaltiger Entwicklung" konzentriert sich häufig auf bestimmte Formen von Ressourcen-Management mit der Betonung auf soziale Gerechtigkeit und dem Wohlergehen zukünftiger Generationen (vgl. Palmer 2008: 18). Tatsächlich klingt auch die am häufigsten zitierte Definition von nachhaltiger Entwicklung, die in den Bericht der *World Commission on Environment and development* (WCED) – „Our Common Future" (1987) – übernommen wurde, ausgesprochen anthropozentrisch: „Sustainable development is development that meets the needs of the present without compromising the ability of future generations to meet their own needs."[10]

In dieser Sichtweise brauchen wir eigentlich keine spezielle *Umwelt*ethik, da jede Ethik immer *menschliche* Ethik ist. Werte sind stets sowohl von Menschen erzeugt als auch auf Menschen bezogen Im Prinzip besitzen nur Menschen einen „moralischen Status" und kommen als „moralisch Handelnde" in Betracht. In Übereinstimmung mit dieser sehr

---

[10] „Nachhaltige Entwicklung ist eine Entwicklung, die Bedürfnisse der Gegenwart erfüllt, ohne die Fähigkeit zukünftiger Generationen, ihre eigenen Bedürfnisse zu befriedigen, zu gefährden."

strikten anthropozentrischen Sichtweise müssen wir freilich unterscheiden zwischen „direkten Pflichten" gegenüber allen Wesen mit moralischem Status einerseits (Menschen) und „indirekten Pflichten" in Bezug auf alle anderen Wesenheiten (Tiere, Pflanzen etc) andererseits. In anthropozentrischer Sicht ist die Natur ethisch allenfalls in einer *in*direkten Weise dann von Wert, wenn und nur wenn sie einen Beitrag für die Befriedigung der Bedürfnisse und Interessen des Menschen leistet. Folglich haben wir zu unterscheiden zwischen einem (möglichen) „Wert *in* der Natur" und einem „Wert *der* Natur" (Palmer 2008: 17): aber nur das zweite wird von strengen Anthropozentrikern wie William Baxter akzeptiert, weil es für sie keine *intrinsischen* Werte in der Natur selbst gibt. Wenn wir von einem „Wert *der* Natur" sprechen, dann schreiben wir also der Natur nur in Bezug auf unsere eigenen Interessen an der Natur einen Wert zu. Unabhängig vom Menschen würde es überhaupt keine ‚natürlichen' Werte geben.

Diese strenge anthropozentrische Sicht steht jedoch in scharfem Gegensatz zu den intuitiven Gefühlen vieler Menschen gegenüber der Natur: sie wertschätzen und lieben die Natur (natürliche Wesen wie Pflanzen und Tiere oder auch Landschaften, Gebirge und Meere) um ihrer selbst willen, nicht nur aufgrund instrumenteller Motive. Moderate (gemäßigte) anthropozentrische Philosophen räumen daher ein, dass wir mehr als nur instrumentelle Interessen gegenüber Umwelt und Natur hegen können: sie vertreten die Auffassung, dass es für die anthropozentrische Argumentation nicht notwendig ist, nur die pragmatischen und utilitaristischen Aspekte unserer Wechselbeziehungen mit der Natur zu betonen. Ohne die anthropozentrische Position zu verlassen, können wir in einer ästhetischen oder kontemplativen (sogar meditativen) Weise in Kontakt mit der Natur kommen (mehr passiv als aktiv, eher sich erfreuend als in einem technischen Sinn benutzend).

4.2.3 Ästhetische und andere Werte der Natur

Mit anderen Worten: Gemäßigte Anthropozentriker räumen oft ein, dass wenigstens ein ästhetisches (und/oder kontemplatives[11]) Argument zugunsten des Naturschutzes der instrumentellen Sicht auf die Natur durchaus hinzugefügt werden kann: sie begründen dann das Bedürfnis und die Motivation zur Erhaltung und Kultivierung der Natur mit deren sinnlichen Reizen auf uns, mit der Lust beispielsweise, die wir beim Einatmen frischer Seeluft empfinden.

Über eine enge instrumentalistische Perspektive hinaus lassen sich der Natur mithin ästhetische und kontemplative Werte beimessen. Solche Werte gleichen den (von nicht-anthropozentrischen Ethikern vermuteten) „intrinsischen Werten" der Natur, weil diese Werte als „Werte der Natur in sich selbst" *erscheinen*; nichtsdestoweniger würden sie, wie sie anthropozentrischen Ethiker sagen, der Natur vom Menschen nur „attributiert" (zugeschrieben): sie erhalten ihre Existenz nur durch den Menschen und dessen ästhetische und kontemplative Praxis. Zu beachten sei zudem, dass ästhetische und kontemplative Werte eine andere Qualität als moralische oder ethische Werte aufweisen! Andererseits: Für viele Menschen bedeutet der Ausdruck „kontemplativer Wert" nicht nur, dass die Natur eine ästhetische Ressource für uns darstellt, sondern auch, dass die Natur *an sich selbst* außerordentlich schön und erhaben ist! An dieser Stelle geht die anthropozentrische Position in eine epistemische und ontologische Position über (obwohl nicht in einem moralischen Sinn).

Dennoch verneinen einige Anthropozentriker diese ontologische Implikation und argumentieren, dass es keine vom Menschen unabhängige ästhetische Qualität der Natur an sich selbst gibt; dass der Natur also

---

[11] „In aesthetic contemplation, we value entering into a relationship with the object that is not instrumentally guided. We allow ourselves to sink into the object so that it is experienced as if it were ‚speaking' to ourselves, as if it were ‚subject'-like or ‚autonomous'." (Krebs 1999: 45) (Übers.: „In der ästhetischern Kontemplation schätzen wir es, in eine Beziehung einzutreten, die nicht instrumentell bestimmt ist. Wir erlauben es uns, in ein Objekt einzutauchen, sodass es erlebt wird, wie wenn es zu uns ‚sprechen' würde, wie wenn es selbst ein ‚Subjekt' wäre oder ein ‚autonomes' Wesen." (Krebs 1999: 45)

ein ästhetischer oder kontemplativer Wert nur dann eignet, wenn ein Mensch die Schönheit und Erhabenheit der Natur wertschätzt. Der/die Leser/in dieses Buches sollte für sich selbst überlegen, ob Natur einen *genuinen* ästhetischen Wert besitzt oder nicht. Er/sie kann zu diesem Zweck ein oft zitiertes Gedankenexperiment durchführen: Würde der letzte Mensch auf dieser Erde ein Unrecht begehen, wenn er oder sie die Natur zerstört? Bedenke: *Wenn* es für den letzten Menschen falsch ist, den gesamten Planeten zu zerstören, dann müssen nicht-menschliche Wesen an sich wertvoll sein (vielleicht sogar im moralischen Sinne)!

Weiterhin lässt sich fragen: Ist es wirklich ein Widerspruch in sich zu sagen, dass der ästhetische Wert der Natur ein „ästhetischer *intrinsischer* Wert *für uns*" ist? Könnte es nicht ästhetische Aspekte der Natur an sich selbst (in einem objektiven Sinn) geben, die zwar nur von uns erkannt werden können, aber in einer Weise, dass wir nicht frei sind zu entscheiden, *was* wir in der Natur als ästhetisch reizvoll ansehen? „In finding it intrinsically valuable to contemplate something, we respond to qualities which inhere in it, its enormous size or power (giant redwood trees, waterfalls) or its structural complexity (bizarre rock formations), or its freedom from marks of instrumental human activity (the sea, the desert, the sky)." (Krebs 1999: 46)[12] Vielleicht ist unsere ästhetische Praxis eine Voraussetzung dafür, um die Schönheit und Erhabenheit der Natur zu erleben; aber diese besondere Beziehung zwischen uns und der Natur ist gleichwohl ein wesentliches (ontologisches *und* anthropologisches) Merkmal sowohl unserer eigenen als auch der *nicht*-menschlichen Natur. Zwar braucht es ein ästhetisches Bewusstsein, um Natur als schön erleben zu können, trotzdem verkörpert Natur eine Schönheit in sich selbst, und wir besitzen nur eine angeborene Anlage, die Schönheit der Natur auch zu empfinden! – Dies alles sind sehr schwierige und komplexe philosophische Fragen, die nicht so einfach zu beantworten sind; und dies gibt

---

12 „Indem wir es intrinsisch wertvoll finden, über etwas zu kontemplieren, reagieren wir auf Qualitäten, die ihm zueigen sind, seiner ungeheuren Größe oder Macht (riesige Mammutbäume, Wasserfälle) oder auf ihre strukturelle Komplexität (bizarre Felsformationen) oder ihre Freiheit von Spuren instrumenteller menschlicher Aktivitäten (das Meer, die Wüste, der Himmel)."

uns eine gute Gelegenheit, das Problem der „intrinsischen Werte der Natur" nunmehr aus einer allgemeineren Perspektive heraus zu erörtern.

Denn selbst wenn man zustimmen sollte, dass der Natur ein „*ästhetischer* intrinsischer Wert" zukommt, so bedeutet dies noch nicht, dass der Natur ebenso ein „*moralischer* intrinsischer Wert" zugeschrieben werden muss oder kann! Aus einer anthropozentrischen Perspektive wohnen *moralische* intrinsische Werte ausschließlich unserer moralischen Kultur inne (und sind niemals außerhalb der menschlichen Gesellschaft zu finden). Deshalb könnte ein anthropozentrischer Philosoph einerseits ästhetische und kontemplative Werte als intrinsische Werte der Natur akzeptieren, aber andererseits verneinen, dass moralische Werte intrinsische Werte der Natur sein können: für ihn sind moralische Werte immer nur auf den Menschen bezogene Werte im Zuge des Gebrauchs von natürlichen Ressourcen oder des Sich-Erfreuens an Naturphänomenen.

Allerdings mag er einräumen, dass die Kontemplation von Natur für das menschliche Leben an sich wertvoll sein kann. In diesem Sinne (und nur in diesem Sinn) trägt dann auch aus anthropozentrischer Sicht der ästhetische Wert der Natur (falls er ein intrinsischer Wert *ist*) zur Moral(ität) der Menscheit bei, insofern Leben als ein gutes Leben immer auch von moralischer Bedeutung ist. Deshalb tragen ästhetische (als intrinsische) Werte der Natur zumindest in einer indirekten Weise zur Ethik bei, obwohl ästhetische Werte an sich selbst keine ursprünglich moralischen Werte sind. Dies ist in der Tat eine sehr komplizierte Überlegung, aber auch ein typisches Beispiel für abstraktes philosophisches Argumentieren, das zu eigenen Überlegungen herausfordern mag.

Jedenfalls lehnt die anthropozentrische Position nicht prinzipiell alle Gefühle und Empfindungen ab; d. h. sie bezieht sich nicht ausschließlich auf rein *materielle* Interessen gegenüber der Natur! Besondere Gefühle, die anthropozentrische Denker mit nicht-anthropozentischen Ethikern teilen können, sind vor allem die positiven Gefühle gegenüber der natürlichen Umgebung, in welcher Menschen eine lange Zeit ihres Lebens gelebt haben, weil diese Orte Gefühle von Vertrautheit und Sicherheit bieten. Solche Gefühle sind „Heimatgefühle". Das Gefühl von

Heimat trägt üblicherweise zur Identität derjenigen bei, die in ihr leben (vgl. Krebs 1999: 55). Und ein Gefühl von Entfremdung und Trauer steigt in vielen Menschen auf, wenn sie zu den Orten zurückkommen, an denen sie in der Vergangenheit gelebt haben – und dann erleben sie, dass die Bäume vor dem Haus ihrer Kindheit verschwunden sind, dass die gesamte natürliche Umgebung sich radikal verändert hat. Auch in diesem Falle können anthropozentrische Philosophen der Idee zustimmen, dass Natur erhalten werden sollte, insofern sie ein Teil des Zuhauses von Menschen ist. So gesehen ist die anthropozentrische Sicht also vereinbar mit bestimmten Formen des Idealismus und sogar des Romantizismus (im Sinne von „Heimat").

Auch kann eine anthropozentrisch orientierte Person Empathie und Mitgefühl gegenüber empfindungsfähigen Tieren empfinden, obwohl sie den empfindungsfähigen Tieren selbst jeden moralischen intrinsischen Wert in sich selbst abspricht. Das Bemühen, Schmerz und Unglück für alle lebenden Wesen zu vermeiden oder zum mindern, ist einem anthropozentrischen Menschen nicht unbedingt fremd. Das Mitgefühl mit lebenden Wesen, die Schmerz und Leiden empfinden können, bedarf keiner besonderen ethischen Rechtfertigung, weil dies für die meisten Menschen selbstverständlich ist. Auch ohne ausdrücklich moralischen Respekt gegenüber der Natur kann man die Natur lieben und sie hochschätzen. Deshalb ist die anthropozentrische Sicht nicht gleichzusetzen mit einer „kalten und herzlosen Sicht" auf die Natur. Die anthropozentrische Person kann im Prinzip alle möglichen natürlichen Phänomene und deren Integrität wertschätzen, obwohl sie nicht geneigt ist, der Natur irgendeinen moralischen intrinsischen Wert beizumessen.

Nur wenn die anthropozentrische Position auf eine rein instrumentelle Sicht auf die Natur beschränkt bleibt, wird sie mit einer grausamen und streng materialistischen Sicht von Natur einhergehen. „Nur jemand, der die Natur ohne guten Grund beschädigt oder zerstört, jemand, der eine leere Cola-Dose in einem Feld herumliegen lässt, oder der auf einen Käfer oder eine Pflanze tritt, was ohne Probleme hätte vermieden werden können, verhält sich wie ein Vandale gegenüber der Natur. Im Gegensatz zu diesem Verhalten: Wenn Arbeiter auf einer Baustelle Bäume fällen, um Platz für ein neues Gebäude zu schaffen, tun sie offensichtlich nichts, was ihren Charakter korrumpieren würde. Sie beschädigen nicht mutwillig die Natur." (Krebs 1999: 58) Ein intelligenter und umsichtiger Anthropozentriker wird hingegen niemals die natürliche Umgebung zerstören – nicht nur aus dem Grund, um die natürlichen Grundlagen seines eigenen Lebens zu schützen, sondern auch aus *eudämonischen* Gründen, um seine eigenen positiven (ästhetischen und empathischen) Gefühle gegenüber einer intakten Natur zu schützen. So wird sich letztendlich das *Verhalten* eines Anthropozentrikers nicht allzu sehr von dem eines gemäßigten Nicht-Anthropozentrikers unterscheiden, der der Natur einen moralischen intrinsischen Wert zugesteht.

Nur im Vergleich mit einem mehr fundamentalen oder radikalen („fundamentalistischen") nicht-anthropozentrischen Ethiker wird der anthropozentrische Ethiker sich unterschiedlich verhalten: er wird möglicherweise eine Küchenschabe in seiner Küche töten, was ein radikaler Nicht-Anthropozentriker, dem die gesamte (lebende) Natur heilig ist, niemals tun würde. Für einen anthropozentrischen Ethiker mag zwar auch eine Küchenschabe einen gewissen ökologischen Wert („Wert" im Sinne von „Funktion") besitzen, insofern sie Teil der Natur als einem komplexen vernetzten System (das auch von Menschen für ein gesundes und angenehmes Leben benötigt wird) ist, nicht aber einen moralischen Wert in sich selbst. Aus seiner Sicht gibt es keinen Grund, eine einzelne Küchenschabe nicht zu töten; keine moralischen Bedenken werden ihn daran hindern, ein einzelnes Tier auszulöschen. Dies kennzeichnet in der Tat einen klaren Unterschied zwischen einer noch so moderaten anthropozentrischen Sicht und einer radikal nicht-anthropozentrischen Sicht der Natur. Nichtsdestoweniger gilt, wie wir gesehen haben: es gibt verschiedene Möglichkeiten, um in einer anthropozentrischen Weise für „Werte der Natur" zu argumentieren – jedenfalls nicht nur in einer rein instrumentellen oder materialistischen Weise. Andererseits: es lassen sich auch gute Gründe dafür anführen, dass die anthropozentrische Ethik im Ganzen zu engstirnig (da zu menschenzentriert) ist und dass nicht nur Menschen zum moralischen Universum gehören, wie gleich zu sehen sein wird.

4.3 Lektion 2: Die nicht-anthropozentrische Sicht

Lernziele dieses Abschnitts
Nach Durcharbeitung dieser Lektion wird der/die Lernende
- wissen, dass es innerhalb der nicht-anthropozentrischen Sicht vier Haupttheorien gibt: Pathozentrismus; Biozentrismus; Ökozentrismus und Holismus, und
- die wichtigsten Argumente kennen, die von den Vertretern dieser Theorien vorgebracht werden.

In diesem Unterkapitel werden wir unsere Aufmerksamkeit den Möglichkeiten zuwenden, in rationaler Weise der natürlichen Umwelt (bzw. ihren Wesenheiten) *intrinsische moralische* Werte zuzusprechen. Zunächst sollen unterschiedliche Bedeutungen von „intrinsischem Wert" sowie einige Funktionen des Gebrauchs dieses Begriffs geklärt werden. Danach wollen wir uns einige Haupttheorien und deren Vertreter innerhalb der nicht-anthropozentrischen Sichtweise näher anschauen. Jede dieser Theorien entwickelt ein eigenes zentrales Argument dafür, warum die „moralische Gemeinschaft" um nicht-menschliche Wesen zu erweitern ist.

Hier einige Hinweise, die du nutzen kannst: Der Akzent liegt auf „intrinsischem Wert" versus „funktionellem oder instrumentellem Wert". Für die Bedeutung und den Gebrauch von „intrinsischem Wert" folge ich Wouter Achterberg. Wichtig ist, dass ein intrinsischer Wert einen moralischen Status „verleiht"; aber „moralischer Status" bedeutet nicht dasselbe wie „intrinsischer Wert". Deshalb:

1. moralischer Status ist nicht dasselbe wie intrinsischer Wert („einen Wert in sich selbst besitzen");

2. der Ausdruck „intrinsischer Wert" kann verschiedene Bedeutungen haben;
3. die Verwendung des Begriffs kann verschiedene Funktionen haben und
4. eine weitere Vertiefung im Selbststudium ist möglich und wünschenswert.

Zur weiteren Vertiefung kann der Leser folgende Möglichkeiten nutzen: er kann

1. enzyklopädische Informationen zu Rate ziehen;
2. Artikel, die einen Überblick vermitteln, studieren, oder
3. direkt die einschlägigen Autoren selbst lesen.

QUELLE	AUTOREN bzw. QUELLEN	STICHWÖRTER
Enzyklopädien	1. http://plato.stanford.edu/ 2. www.wikipedia.org 3. Düwell, Marcus. (2006): *Handbuch Ethik*; Verlag J.B. Metzler. Stuttgart-Weimar. 4. http://ethics.sandiego.edu/ 5. http://www.cep.unt.edu/	1. environmental ethics/Umweltethik 2. intrinsic value/ intrinsischer Wert 3. Namen der Autoren
Websites und Bücher, die einen Überblick vermitteln	1. http://www.cep.unt.edu/anthol.html 2. Achterberg, W. (1994) 3. http://spinner.cofc.edu/hettinger	1. Anthologie Umweltethik
Websites, Artikel und Bücher über bestimmte Theorien und/oder von den Autoren selbst	1. http://spinner.cofc.edu/hettinger/ 2. http://www.utilitarian.net/singer/ 3. http://www.tomregan-animal-rights.com/ 4. Singer, Peter (1976): *Animal Liberation*, dt.: „Die Befreiung der	1. Peter Singer

Tiere" A New Ethic for Our Treatment of Animals. London, 5. Singer, Peter (1993): *Practical Ethics*. Cambridge University Press, 2. Auflage, dt.: „Praktische Ethik" 6. Regan, Tom. (1983) *The Case for Animal Rights*. London 7. for John Rawls and Theory of Justice, see encyclopaedia 8. Rawls, John. (1971): *A Theory of Justice*. Harvard University Press. Cambridge.	2. Tom Regan 3. John Rawls ‚Theory of Justice': ‚Original Position'

In Fussnote[13] findest du weitere Hinweise, die du zur Kenntnis nehmen solltest, bevor wir uns den vier Haupttheorien und ihren Vertretern zuwenden. An diesem Punkt ist es auch wichtig, das zu berücksichtigen, was du in Kapitel 2 über das korrekte moralische Argumentieren gelernt hast. Du selbst oder deine Gruppe musst zunächst feststellen, was das ei-

---

[13] Zur Vertiefung solltest du auch Folgendes lesen:
1. Achterberg, Wouter. (1994): *Samenleving,Natuur en Duurzaamheid, een inleiding in de milieufilosofie*. Van Gorcum.
2. Michael E. Zimmermann et al. (2004): *Environmental Philosophy, From Animal Rights to Radical Ecology, fourth edition*. Prentice Hall.
3. Lambèr Royakkers, Ibo van de Poel, Angèle Pieters (red) (2004*): Ethiek & Techniek, morele overwegingen in de ingenieurspraktijk*. Baarn.
4. Attfield, Robin. (2003): *Environmental Ethics: an overview for the twenty-first century*. Polity Press.
5. Wenz, Peter S. (2001): *Environmental Ethics Today*. Oxford University Press.
6. Vesilind, P. Aarne and Alastair S. Gunn. (1998): *Engineering, Ethics and Environment*. Cambridge University Press.
7. Kirsten Kuipers. (2003): *Filosofie en Duurzame Ontwikkeling, Filosofieonderwijs rond een maatschappelijk vraagstuk*. DHO: www.dho.nl , publicaties, vakreviews.
8. Wenz, Peter S. (2001): *Environmental Ethics Today*. Oxford University Press, New York / Oxford, S. 19-167.
9. Attfield, Robin. (2003): *Environmental Ethics*; Cambridge / Oxford, S. 31-65.

gentliche moralische Problem ist und welches die Fakten sind. Zumindest müsst ihr darin übereinstimmen, was ihr als Fakten bezeichnet. Das ist keine leichte Aufgabe. Aber zuerst die Fakten, danach die Werte. Manchmal werdet ihr herausfinden, dass bei genauerem Hinsehen vermeintliche Fakten eher Werte zu sein scheinen. Darüber hinaus ist es wichtig, etwas über die Bedeutung und den Gebrauch von intrinsischen Werten zu wissen.

Wouter Achterberg (1994: 182 ff.) unterscheidet drei Arten von intrinsischen Werten. Hierin folgt er Taylor (1986: 72 ff.; auch 1984: 150 ff.): „Intrinsischer Wert" bezieht sich auf das,

a) auf das, was direkt erfahren wird, was als befriedigend empfunden wird, angenehm oder wertvoll IN SICH SELBST ist (z. B. Vergnügen und Glück in Übereinstimmung mit den klassisch hedonistischen Utilitaristen);

b) oder auf den Wert, der Orten oder Objekten mit ästhetischer, historischer, kultureller oder sogar sentimentaler Bedeutung von Menschen gegeben wird, oder

c) auf die Tatsache, dass Wesen bestimmte typische Merkmale aufweisen, aufgrund derer sie moralische Achtung verdienen (ist eine Haltung von moralischem Respekt gegenüber diesen Wesen angemessen?).

Achterberg führt weiterhin aus, dass die Verwendung des Begriffes „intrinsischer Wert" verschiedene Funktionen erfüllen kann:

A. er kann benutzt werden, um die Grenzen der moralischen Gemeinschaft zu bestimmen (die Deontologie verwendet den intrinsischen Wert c, die utilitaristische Zielethik verwendet hingegen a);

B. er kann verwendet werden, um eine verantwortliche Wahl zwischen den Interessen von Menschen und denen anderer Wesen zu treffen (hier sind nur b und a angemessen).

In der ersten Funktion meint „intrinsischer Wert" alles oder nichts: Etwas hat einen intrinsischen Wert oder nicht. In der zweiten Funktion kann der intrinsische Wert variieren. Die beiden Funktionen schließen sich gegenseitig nicht aus; wichtig ist die nähere Bestimmung der Ethik: So lässt sich zwischen enger und großzügiger Moral unterschieden.

Zurück zur nicht-anthropozentrischen Sicht: Die nicht-anthropozentrische Seite der Umweltethik kann sich sehr unterschiedlich darstellen. In dem vorliegenden Buch ist soll auf die vier wichtigsten Ansätze nicht-anthropozentrischer Theorien eingegangen werden:

1. Pathozentrismus
2. Biozentrismus
3. Ökozentrismus
4. Holismus.

Jeder dieser Theorieansätze beschäftigt sich mit der Frage, welche Elemente der Natur bzw. der Umwelt Anwärter auf einen moralischen Status sind und wie die Argumentation dafür aussieht, dass ihnen ein moralischer Status verliehen werden kann. Die Argumente, die dabei vorgebracht werden, sind häufig von der Art, wie wir sie bereits bei der Behandlung der wichtigsten ethischen Theorien in Kapitel 2 (Lektion 1) kennengelernt haben. Jede Art von Theorie hat ihre Vertreter. Einige der wichtigsten werden in der nachstehenden Übersicht kurz vorgestellt.[14]

---

[14] Einen guten Überblick vermittelt auch die Lektüre dieser Schriften: Wenz, Peter 2001 (insbesondere die Seiten 19-167); und Attfield, Robin 2003 (insbesondere die Seiten 31-65).

ART DER THEORIE	ANWÄRTER	ARGUMENT	VERTRETER
PATHOZENTRISMUS Utilitarismus, Konsequentialismus, Sentientismus	Alle leidensfähigen Wesen. Alle Wesen, die „empfindungsfähig" sind.	Die Gesamtbilanz von Lust versus Schmerz: Ein einzelnes Tier hat einen moralischen Status insofern, als der individuelle Schmerz und/oder Lust Teil der Summe von Lust und/oder Schmerz ist.	Peter Singer
Deontologie		Einzelne Tiere haben einen moralischen Status (inhärenten Wert), insofern sie „Subjekte" mit Interessen sind.	Tom Regan
BIOZENTRISMUS Deontologie	Alle lebenden Wesen	Organismen haben moralischen Status, weil sie intrinsischen Wert haben. Sie versuchen, das Beste für sich zu erreichen.	Paul Taylor
Konsequentialismus		Alle lebenden Wesen haben moralischen Status, weil sie ihren eigenen Nutzen verfolgen; aber es gibt eine Hierarchie: Einige lebende Wesen besitzen intrinsischen Wert in höherem Maße als andere.	Robin Attfield

ÖKOZENTRIS-MUS			
	Alle Organismen einschließlich ökologischer Systeme	Menschen und alle anderen Organismen haben moralischen Status, weil sie ein Recht darauf haben, dass es ihnen gut geht.	
HOLISMUS			
	Alle natürlichen Dinge	Das Ganze (die Natur) besitzt moralischen Status.	Aldo Leopold

Schematische Darstellung zur nicht-anthropozentrischen Sichtweise

4.3.1 Die pathozentrische Theorie

Diese Theorie besagt, dass es moralisch falsch ist, Tieren Leid zuzufügen. Nicht nur Menschen können Lust oder Schmerz empfinden, auch Tiere sind dazu in der Lage. Tiere sind mit Menschen gleichgestellt; sie sind beide empfindungsfähig. Innerhalb des „Sentientismus" kannst du Autoren mit einer konsequentialistischen oder mit einer deontologischen Argumentationsweise finden.

Peter Singer (1993) ist ein bekannter Utilitarist. Utilitarismus, eine der konsequentialistischen Theorien, konzentriert sich auf die Balance zwischen Lust und Schmerz als solche. Eine Handlung kann die Interessen von fühlenden Wesen beeinträchtigen. Die Interessen aller empfindungsfähigen Wesen, also auch der nicht-menschlichen, sollten gleichermaßen berücksichtigt werden, wenn eine Handlung als moralisch richtig oder falsch bewertet wird.

Singer und andere Utilitaristen argumentieren, dass die Erfahrung von Lust oder die Befriedigung von Interessen als solche einen intrinsischen Wert besitzen, nicht die beteiligten Wesen selbst. Für Utilitaristen wie Singer sind nicht-fühlende Objekte in der Umwelt wie

Pflanzen, Flüsse, Berge und Landschaften nicht von intrinsischem, sondern allenfalls von instrumentellem Wert für die Befriedigung der empfindungsfähigen Lebewesen. Letztendlich führen die utilitaristische Überlegungen zu dem Schluss, dass eine Handlung, die einzelnen Tieren Schaden zufügt, ethisch richtig sein kann, insofern die Interessen eines anderen Lebewesens die des betroffenen Tieres überwiegen.

Tom Regan (1983) hat stattdessen eine deontologisch motivierte ethische Argumentation vorgebracht. Er argumentiert, dass einige Tiere einen intrinsischen Wert besitzen, den er als „inhärenten Wert" bezeichnet. Diese Tiere haben das moralische Recht auf eine respektvolle Behandlung. Sie sollten nicht nur wie ein Mittel zu einem anderen Zweck behandelt werden. Nur solchen Tieren, die ein subjektartiges Leben führen, kommt ein intrinsischer Wert zu. Für Regan ist Subjekthaftigkeit eine hinreichende (obwohl nicht notwendige) Bedingung, um ihnen einen intrinsischen Wert zuzusprechen; subjekthaft zu leben bedeutet dabei unter anderem, neben sinnlichen Wahrnehmungen auch Überzeugungen, Wünsche, Motive, ein Gedächtnis, ein Bewusstsein von der Zukunft und eine zeitbeständige psychische Identität zu besitzen.

4.3.2 Die biozentrische Theorie

Einige Autoren haben einen erweiterten Ansatz für individuelles Wohlergehen und die intrinsische Wertschätzung von natürlichen Wesenheiten vorgeschlagen, indem sie argumentieren, dass allen Organismen ein intrinsischer Wert zukomme, insofern sie bestrebt sind, das Beste für sich erreichen – ungeachtet, ob diese Organismen über ein Bewusstsein verfügen oder nicht. Paul Taylors Version dieser Sicht (1981 und 1986), die wir „Biozentrismus" nennen können, ist ein Beispiel für deontologisches Denken.

Anders als der egalitäre und deontologische Biozentrismus von Taylor tritt Robin Attfield (1987) für eine hierarchische Sichtweise ein, die besagt, dass zwar alle Wesen, die einen eigenen Wert in sich selbst haben, intrinsischen Wert besitzen, dass jedoch einigen von ihnen (z. B. menschlichen Personen) ein intrinsischer Wert in höherem Maße zukomme. Attfield befürwortet damit eine besondere Form des philosophischen Konsequentialismus, der die zahlreichen (und möglicherweise einander wiedersprechenden) Nutzwerte („goods") verschiedener lebendiger Dinge berücksichtigt und auszugleichen versucht.

4.3.3 Die ökozentrische Theorie

Nach Wouter Achterberg bedeutet Ökozentrismus, dass natürliche Wesen die Freiheit zu einer guten Entwicklung bzw. zu einem Leben frei von menschlichen Eingriffen haben sollten. Ökozentrismus erkennt den moralischen Status von Menschen *und* ebenso aller anderen Organismen an. Darüber hinaus verdient die Natur auch auf höheren Ebenen als der einzelner Organismen, z. B. auf der Ebene von Arten und Ökosystemen, unseren moralischen Respekt.

4.3.4 Die holistische Theorie

Nach Wouter Achterberg gibt es zwei mögliche Wege, unsere moralische Fürsorge auf kollektive Entitäten, z. B. Ökosysteme, auszudehnen: Einer davon geht von kognitiven Anpassungsprozessen aus: Wir müssen unsere Wahrnehmung von der Werthaftiglkeit komplexer natürlicher Entitäten (Wesenheiten) so verändern, das sie selbst gewöhnliche Organismen einschließt. Ein Beispiel dieses *ökozentrischen Ansatzes* ist die „Landethik" von Aldo Leopold. Sie ist keine eigentlich philosophische Theorie, aber sehr inspirierend. Über Landethik kannst du in dem letzten Kapitel von „A Sand Count Almanac" (siehe Literaturverzeichnis) einiges Lesenswertes finden.

Nach Achterberg legen die Bemerkungen Leopolds von einem ethischen Holismus Zeugnis ab: dem Ökosystem (Land) als Gesamtheit kommt ein moralischer Status zu. Im Kern ist damit gesagt:

a) Das „Land" (sozusagen als Metapher für Natur) ist eine Gemeinschaft voneinander abhängiger Elemente;
b) das Land *als* eine ökologische Gemeinschaft *und* deren Bestandteile selbst müssen mit moralischem Respekt behandelt werden; und
c) das Land als solches besitzt einen (intrinsischen) Wert, der weit über seinen ökonomischen und den instrumentellen Wert für uns Menschen hinausreicht – ein Wert im philosophischen Sinn: das bedeutet so viel wie „intrinsischer Wert".

Die zentrale These Leopolds kommt in dem Satz zum Ausdruck: „Examine each question (of land use, WA) in terms of what is ethically and esthetically right, as well as what is economically expedient. A thing is right when it tends to preserve the integrity, stability, and beauty of the biotic community. It is wrong when it tends otherwise."[15]

Leopold gebraucht hier zwei Metaphern: Das Land als (soziale) Gemeinschaft und das Land als lebender Organismus. Die erste Metapher betont die relative Unabhängigkeit der Elemente des Ökosystems und ihren moralischen Status. Die zweite unterstreicht die gegebene systemische „Kohäsion": das Ökosystem.

Wouter Achterberg unterscheidet in diesem Zusammenhang drei Arten von Holismus, um die Position von Aldo Leopold zu verdeutlichen: den metaphysischen, den methodologischen und den ethischen Holismus.

Der metaphysische Holismus betrachtet das „Ganze" als genauso wirklich wie seine Teile. Methodologischer Holismus besagt, dass es, um das Ganze (z. B. das Ökosystem) zu verstehen, nicht genügt, die Teile,

---

[15] „Prüfe jede Frage (von Landverbrauch; KV) im Sinne von: ‚was ist ethisch und ästhetisch richtig; als auch: was ist ökonomisch sinnvoll.' Ein Verhalten ist richtig, wenn es darauf abzielt, die Integrität, Stabilität und Schönheit der biotischen Gemeinschaft zu erhalten. Es ist falsch, wenn es nicht darauf abzielt."

aus denen es besteht, getrennt voneinander zu betrachten. Dem ethischen Holismus zufolge schließlich müssen einige dieser „Gesamtheiten" unsere moralische Achtung verdienen, da sie einen moralischen Status innehaben (ebenso wie einige Firmen einen legalen Status haben, unabhängig vom rechtlichen Status der einzelnen Aktionäre). Der ethische Holismus benötigt deshalb nicht den metaphysischen und den methodologischen Holismus als Basis. Für Achterberg belegt Aldo Leopolds „Sand County Almanac" einen ethischen Holismus, vielleicht noch einen methodologischen, aber keinen metaphysischen Holismus.

4.4 Lektion 3: Umweltethische Entscheidungsfindung

Lernziele dieses Abschnitts
Nach Durcharbeitung dieser Lektion ist der/die Lernende in der Lage,   • sich mehr Wissen über die Theorien und deren Vertreter eigenständig anzueignen sowie   • die Informationen zu nutzen, um sich über seine eigenen Werte klar zu werden.

Nun sind wir an einem entscheidenden Punkt dieses Buches angelangt. Worum geht es in diesem Buch? Welches sind die Zielgruppen dieses Buches? Wer ist der Leser und wie kann er/sie das Buch benutzen? Nun, in dem vorliegenden Buch geht es um die ethische Entscheidungsfindung in Bezug auf menschliche Handlungen gegenüber Natur und Umwelt. Die wichtigsten Zielgruppen sind Berufsschüler sowie Studenten und Entscheidungsträger auf dem Gebiet der Umweltwissenschaften. Sie können die Informationen dieses Buches in (zumindest) dreifacher Weise nutzen, wie im Folgenden gezeigt werden soll.

4.4.1 Mehr Wissen erlangen

Als erstes geht es darum, überhaupt Wissen zur Umweltethik zu erlangen. Daher werden hier einige zentrale Informationen zur Ethik, insbesondere zur Umweltethik, vorgetragen, um den Leser in die Umweltethik tiefer einzuführen. Der Leser sollte wissen, dass Informationen zu ethischen Theorien und Philosophen in diesem Buch nur begrenzt zur Verfügung gestellt werden können. Die Informationen sollen dem Leser aber zumindest eine ausreichende Hilfestellung an die Hand geben, um seine persönlichen ethischen Entscheidung treffen zu können. Leser, die mehr wissen möchten, werden auf die Hinweise im Literaturverzeichnis verwiesen.

Es geht in dem vorliegenden Buch ausschließlich darum, den genannten Zielgruppen ausreichend Informationen zur Verfügung zu stellen, um ethische Entscheidungen treffen zu können, wenn diese mit Problemen konfrontiert werden, die moralische Probleme auf dem Gebiet der Umweltwissenschaften betreffen; Probleme, die aus den menschlichen Handlungen gegenüber Natur und Umwelt entspringen. Wie wir in Kapitel 2 gesehen haben, geht es hierbei um Handlungen insbesondere gegenüber Tieren, Pflanzen, Mikroorganismen, Wasser, Luft, Erde usw. – Es gibt zwei Wege (oder Ausgangspunkte), auf denen die Informationen für die eigene Entscheidungsfindung Informationen genutzt werden können, wie wir im Folgenden sehen werden.

4.4.2 Die Verwendung des Stufenplans

Den ersten Ausgangspunkt bildet ein bestimmter Stufenplan und der zweite Ausgangspunkt wird von den grundlegenden Einstellungen des Menschen gegenüber Natur und Umwelt bestimmt. Zum Stufenplan siehe die Bemerkungen zur ethischen Beweisführung in Kapitel 2. Hier kann der Leser lernen, dass es wichtig ist, zwischen Fakten und Werten zu unterscheiden. Zunächst musst du die vorhandenen Fakten sammeln, denn wenn du die Situation mit anderen erörterst, dann müsst ihr Einigkeit über die relevanten Fakten erzielen. Angenommen etwa, dass ihr Entscheidungen hinsichtlich des Vornehmens von genetischen Veränderungen bei Tieren oder Pflanzen zu treffen habt. Dann lautet die ethische Grundfrage: Unter welchen Voraussetzungen und warum ist eine genetische Veränderung moralisch gerechtfertigt? Wir sollten die Diskussion dann damit beginnen, die Fakten über genetische Veränderungen zusammenzutragen. Um hier Klarheit zu gewinnen, einigen wir uns auf die Tatsache, dass jede technisch durchgeführte genetische Veränderung eine menschliche Handlung gegenüber Tieren oder Pflanzen darstellt, bei der auf bestimmte Tieren oder Pflanzen („X") genetisches Material von einem Lebewesen „Y" übertragen wird. Dieses übertragene genetische Material kodiert für ein bestimmtes Merkmal des Lebewesens „Y". Wir wollen nun, dass diese Gene auch in dem Tier oder der Pflanze „X" exprimiert werden: etwa um ein bestimmtes Protein (Eiweiß) in „X" zu erzeugen, dass normalerweise nur in „Y" erzeugt wird. Es kann allerdings unterschiedliche Ziele für eine solche genetische Manipulation geben. Häufig ist das Ziel, das dabei verfolgt wird, ein medizinisches. Indem etwa menschliche genetische Informationen auf Fremdorganismen übertragen werden, kann das betreffende Tier oder die Pflanze („X") Wirkstoffe für ein medizinisches Produkt hervorbringen, mit dessen Hilfe Blutungen beim Menschen gestoppt werden können. Ohne diesen gentechnologischen Umweg müsste dieser Wirkstoff hingegen aus größeren Mengen menschlichen Blutes aufwändig gewonnen werden.

Nehmen wir als Beispiel bestimmte genetische Veränderungen von Kühen, die vorgenommen werden sollen, um über die Milch dieser Kühe ein Protein zu gewinnen, das für humanmedizinische Zwecke vorteilhaft ist.[16] Wäre eine solcher genetischer Eingriff in den Organismus von nicht-menschlichen Organismen ethisch zulässig? Oder würden dadurch die etwaigen Rechte (intrinsischen Werte) dieser Lebewesen verletzt?

---

[16] Siehe Informationen zu diesem Thema in Videos auf YouTube:
http://www.youtube.com/watch?v=qapmzTUaF6s
http://www.youtube.com/watch?v=Zzh5TVXaAr4

- Wie entscheidest du dich?
- Was sind die Vor- und Nachteile einer solchen künstlichen genetischen Veränderung? Und wem kommen sie zugute?
- Wie können dir die Ethik und deren Haupttheorien bei der Entscheidungsfindung helfen?
- Wie könnten die Ansichten von Umweltphilosophen (mit ihren verschiedenen Positionen) dazu beitragen, deine Wertvorstellungen zu klären, zu rechtfertigen oder vielleicht auch zu korrigieren?

Es gibt noch mehr Stufen in dem Schema, aber die zweite ist insofern die wichtigste, als es vor allem darauf ankommt, einen eigenen ethischen Standpunkt zu finden und verteidigen zu können. Was denkst du selbst, was wichtig ist, um zu einer ethisch klaren und plausiblen Entscheidung im Hinblick auf die Frage nach der Zulässigkeit genetischer Manipulationen zu gelangen? Was sind die Werte und Normen, die deine ethischen Überlegungen hierbei leiten? Ohne Klarheit hierüber ist ein korrektes ethisches Argumentieren nicht möglich (vgl. Kapitel 2).

Zum Beispiel könnte folgende ethische Wertvorstellung leitend für die Entscheidungsfindung sein: Menschen, die an schwerwiegenden Krankheiten leiden, muss geholfen werden, denn sie haben einen moralischen Anspruch darauf, geheilt zu werden. Ein Mensch ist immer wichtiger als ein Tier, insbesondere wenn die Gesundheit oder das Leben eines Menschen auf dem Spiele steht. Du behauptest dann, dass wir Tiere benutzen (und sogar genetisch verändern) dürfen, um Menschen zu heilen. Du argumentierst, dass andernfalls viele Menschen weiterhin unter ihren Krankheiten leiden müssten oder aber unzumutbar große Mengen an menschlichem Blut gebraucht würden, um daraus Ausgangsstoffe zur Herstellung von Medikamenten zu gewinnen.

Bedenke aber: Für eine erfolgreiche genetische Veränderung von Tieren musst du zunächst mit experimenteller Forschung beginnen, was auch sehr aufwändig ist. Das Ergebnis ist nicht sicher, wenn auch theoretisch denkbar: Sollte sich die menschliche genetische Information in der

Kuhmilch exprimieren, so musst du fortan nur die Kühe melken, um ausreichend Wirkstoff zu erhalten.

Die Experimente müssen zwar nur dazu führen, dass eine einzige Kuh genetisch erfolgreich verändert wird; du benötigst aber zahlreiche Kühe, um das Verfahren in zahlreichen Experimenten zu entwickeln und sicher zu machen. Um das Experiment gemäß den wissenschaftlichen Standards durchzuführen, brauchst du (sagen wir) etwa zwanzig Kühe. Die Kühe könnten unter diesen Experimenten leiden. Am Ende wird sich die Kuh jedoch nicht wesentlich von anderen Kühen unterscheiden. Nur ihre genetische Ausstattung hat sich teilweise verändert. Kurzum: Du kannst vielen Menschen helfen und nur zwanzig Kühe haben ein bisschen zu leiden. Ist das gerechtfertigt?

Alles kommt darauf an, welche Werte und Normen zur Grundlage deiner Entscheidungen du zu machen gewillt bist. Sollte dir das menschliche Leiden besonders am Herzen liegen, dann wirst du dich dafür entscheiden, dass diese Experimente erlaubt werden sollten: *Die Beseitigung menschlichen Leidens hat unbedingten Vorrang!* Du kannst aber auch – aufgrund strenger tierethischer Wertvorstellungen (die Würde des Tieres ist gleich der des Menschen zu achten) – entscheiden: *Jegliches Leiden muss beseitigt oder vermieden werden.* Unter dieser Voraussetzung lautet deine ethische Entscheidung, dass die Experimente nicht erlaubt werden sollten.

Damit aber ist es nicht genug: Der letzte Schritt in dem Stufensystem ist die Bewertung deiner eigenen Entscheidung. Du beurteilst deine eigenen Werte und Normen im Liche der philosophischen Haupttheorien. Basierend auf deinem bisherigen Wissen hierüber kannst du deine Entscheidung bewerten, indem du einige Fragen beantwortest.

ERSTENS: Du kannst die Frage stellen und beantworten, ob der vorliegende Fall ein ethisches Dilemma beinhaltet oder nicht. Es gibt fünf Kriterien, nach denen ein Dilemma als ein ethisches bezeichnet werden kann (siehe Kapitel 2).

ZWEITENS: Wenn die Antwort „ja" lautet, kannst du dir die Argumente, die wichtig für deine Entscheidung sind, näher anschauen. Nehmen wir die ethische Prämisse: „jegliches Leiden muss beseitigt oder vermieden werden". – Ist dies eine teleologische oder eine deontologische Prämisse oder Voraussetzung? Diese Frage ist nicht einfach zu beantworten, denn ethische Fragen sind niemals einfach. Es stellen sich immer weitere Fragen, die den in Rede stehenden Sachverhalt komplizieren. Was bedeutet etwa *jegliches* Leiden"? Nur das Leiden aller Menschen? Oder auch das aller Tiere?

Für die Umweltethik ist die Diskussion über die Unterschiede zwischen Menschen und Tieren sowie anderen Lebewesen von entscheidender Bedeutung. Sind menschliche Leidensfreiheit und menschliche Freuden wichtiger als die der Tiere? Falls es einen Unterschied gibt, was macht diesen Unterschied aus? Ist intellektuelles Vergnügen besser als anderes (andere Formen des Vergnügens), wie der Utilitarist Mill dies behauptet hat?

Nehmen wir die utilitaristische Position von Peter Singer. Für ihn ist das wesentliche Kriterium, um über den moralischen Status eines Lebewesens zu befinden, dessen Fähigkeit zu fühlen und eigene Interessen zu verfolgen (Sentientismus). Nur fühlende Wesen, die Lust und Schmerz empfinden können, sind moralisch bedeutsam: Sie haben Vorlieben, die befriedigt oder frustriert werden können; sie können daher durch menschliche Handlungen in ethisch unzulässiger Weise beeinträchtigt werden. Singer glaubt, dass etwa sämtliche Wirbeltiere empfindungsfähig sind. Wichtig für Singers Position ist das Prinzip der Interessenabwägung: gleichwertigen Interessen muss gleiches moralisches Gewicht gegeben werden. Hierbei ist es unerheblich, um welche Art von Lebewesen es sich handelt.

Eine andere Möglichkeit ist gegeben, wenn du deine moralischen Vorannahmen als deontologische einstufst. Dann sind für dich die Folgen menschlicher Handlungen nicht von Bedeutung. Die menschlichen Handlungen müssen vielmehr nach moralischen Regeln (oder Prinzipien) erfolgen: du hast die Pflicht, gemäß von Normen und Prinzipien zu handeln. Der Grundsatz „Jegliches Leiden muss beseitigt oder vermieden werden" kann eine solche Regel sein, ja sogar ein Prinzip. Kant ist der Begründer der modernen Deontologie. Wir wollen seinem Denken folgen, um herauszufinden, ob diese Regel auch auf dem philosophischen Prüfstand zu bestehen vermag. Ist der genannte Grundsatz eine praktische Regel oder eine absolute Norm, ein Prinzip?

Wenn ein Mensch sich fragt, was er tun soll, entwirft er eine praktische Regel. Kant nennt diese praktische Regel eine „Maxime". Sein „kategorischer Imperativ" (vgl. Kapitel 2) erzwingt eine bestimmte Handlung in einer gegebenen Sachlage und lässt nur diejenigen Maximen gelten, die auch Grundlage für eine allgemeine moralische Gesetzgebung sein könnten. Hierzu noch ein Zitat aus der *People's encyclopedia*[17]: „A categorical imperative, on the other hand, denotes an absolute, unconditional requirement that asserts its authority in all circumstances, both required and justified as an end in itself."[18] Dieser Imperativ wurde am besten bekannt in der Formulierung: „Act only according to that maxim whereby you can at the same time ‚will' that it should become a universal law."[19] Auch dies ist nicht einfach zu bestimmen. Um festzustellen, ob deine praktische Regel ein kategorischer Imperativ oder ein Prinzip sein könnte, muss sie drei Kriterien genügen:

1. Handle nur nach der Maxime, wenn du gleichzeitig wollen kannst, dass es ein universelles Gesetz werden soll;
2. Handle so, dass du die Menschheit sowohl in deiner Person, als auch in der Person eines jeden anderen, jederzeit zugleich als Zweck, niemals bloß als Mittel gebrauchst.

---

[17] Siehe: http://en.wikipedia.org/wiki/Categorical_imperative
[18] Etwa: „Ein kategorischer Imperativ bezeichnet eine absolute, bedingungslose Forderung, die ihre Autorität unter allen Umständen behauptet, also erforderlich und gerechtfertigtist als ein Selbstzweck."
[19] „Handle stets so, dass die Maxime deines Handelns zugleich auch ein universelles Gesetz sein könnte."

3. Deshalb muss jedes rationale Wesen so handeln, wie wenn es durch seine Maxime immer ein gesetzgebendes Mitglied in dem universalen Königreich der Zwecke wäre.

Eine praktische Regel muss sich auf alle (gleichartigen) Situationen anwenden lassen. Eine gute Frage ist hierbei: „Lässt sie sich ebenso auf eine Situation anwenden, die sich schlecht auf dich auswirkt?" Deine praktische Regel behandelt die Menschheit, die menschliche Würde, immer als einen Selbstzweck. Nach Wouter Achterberg ist dies eine der Bedeutungen von „intrinsischem Wert".

Das „Königreich der Zwecke" existiert freilich nur im philosophischen Gedankenexperiment. In diesem Buch kommen die Überlegungen diesem „Königreich der Zwecke" oft ziemlich nahe. Wenn deine praktische Regel die drei Kriterien erfüllt, dann gilt sie als eine absolute Norm, als ein Prinzip. Du hast dann die Pflicht, nach dieser Norm zu handeln. Die Kantische Ethik kann also auch in der Umweltethik eine gewichtige Rolle spielen.

Auch Tom Regans Sicht der deontologischen Rechte tut dies. Tom Regan greift dabei die utilitaristische Sicht von Peter Singer an. Nach Tom Regan ist es die Art der Handlung (welches Prinzip ihr zugrunde liegt), die sie richtig oder falsch macht, und nicht, welche Folgen sie nach sich zieht. Ethisch rechtmäßige Handlungen behandeln Individuen als Selbstzwecke (worin ihre Würde besteht). Alle Einzelwesen, die sich als ‚Subjekte ihres Lebens' verstehen, besitzen einen ihnen inne wohnenden Wert. Dies ist für Regan das Kriterium für den moralischen Status eines Lebewesens: nämlich sich selbst als Subjekt des eigenen Daseins zu erfahren. Dies bedeutet „a conscious creature having a welfare that has importance to it; wants and prefers things, believes and feels things, recalls and expects things, has ends of its own, can be satisfied or frustrated; all these make a difference to the quality of the life as lived/experienced"[20].

---

[20] „[…] eine bewusste Kreatur […] braucht und bevorzugt Dinge, glaubt und fühlt Dinge, erinnert und erwartet Dinge, hat eigene Ziele, kann befriedigt oder frustriert

Auch einige Tiere erfahren sich als das Subjekt ihres Lebens und verfügen so über einen moralischen Status und einen inhärenten Wert aus denselben Gründen wie die Menschen.

4.4.3 Grundlegende Einstellungen zur Umwelt und Natur

Es gibt aber noch eine zweite Möglichkeit, deine ethische Entscheidung zu beurteilen. Dabei geht es um deine grundlegenden Einstellungen gegenüber der Natur. Es gibt mindestens vier solcher grundlegender Einstellungen[21]. (Wim Zweers hat Argumente vorgebracht, um diese Gruppe sogar auf sechs zu erweitern.)

Grundlegende Einstellungen können dazu benutzt werden, eine ethische Entscheidung zu beurteilen und eine Norm für menschliche Handlungen gegenüber Natur und Umwelt aufzuzeigen. Hier erklären wir, was eine grundlegende Einstellung ist und wie sie angewendet werden kann.

Nach Wim Zweers beschäftigt sich die Umweltphilosophie mit der systematischen und kritischen Reflexion der philosophischen Aspekte von Umweltproblemen bzw. der Umweltkrise.[22] Ursprünglich wurden Umweltprobleme nur als wissenschaftliche Probleme angesehen. In einer zweiten Reflexionsphase wurden sie immerhin auch (oder ausschließlich) als soziale Probleme verstanden. Sie haben damit zu tun, wie die Institutionen der Gesellschaft organisiert sind (etwa Wirtschaft, Bildung und Wissenschaft) und wie diese auf die Umwelt einwirken. Selbst die Organisation der menschlichen Beziehungen ist hier von Bedeutung.

In der dritten Reflexionsphase kam es zu der Erkenntnis, dass der grundlegende Charakter der Umweltkrise davon bestimmt wird, wie Menschen das Leben und die Gesellschaft sehen und welches hierbei ihre Normen und Werte sind. Die grundlegende Einstellung von Menschen

---

sein; all dieses hat einen Einfluss auf die Qualität des Lebens, wie es gelebt oder erlebt wird."
[21] Zweers (1995).
[22] Zweers (1994).

gegenüber Natur und Umwelt wurde wichtig für die Diagnose (und mögliche Therapie) der Umweltkrise.

Eine grundlegende Einstellung hat damit zu tun, wie Menschen sich selbst, die Natur und die Beziehung zwischen Menschen und Natur sehen. Um die grundlegenden Einstellungen zu verstehen (und zu verändern), ist es wichtig, sich auch die Geschichte jeder dieser grundlegenden Einstellung anzusehen.[23] – Wim Zweers unterscheidet sechs grundlegende Einstellungen, nach deren Maßgabe sowohl die Gesellschaft als auch das Verhältnis des Menschen zur Natur/Umwelt gestaltet sein kann:

1. der Despot (Tyrann, Meister);
2. der aufgeklärte Despot;
3. der „Verwalter";
4. der Partner;
5. der Teilnehmer und
6. der Teil einer Einheit.

Die ersten drei Einstellungen sind charakterisiert durch die Sichtweise, dass Natur nur einen instrumentellen Wert für die Menschen besitzt, obwohl die grundlegende Einstellung des Verwalters auch den Gedanken von moralischer Fürsorge für die Natur beinhaltet.

Mit der grundlegenden Einstellung des Partners wird erstmals die Sicht, dass Natur auch einen gewissen (intrinsischen) Wert an sich selbst besitzt, eingeführt. Vollends wird der Natur ein moralischer Status zugestanden, wenn der Mensch sich als ihr Partner versteht oder sich sogar als Teil der Natur (in einer Einheit mit ihr) erfährt (Holismus).

Der Leser kann diese grundlegenden Einstellungen dazu benutzen, um zu entscheiden, was er tun sollte, oder um menschliche Handlungen gegenüber der Natur und Umwelt zu analysieren (etwa Dokumente wie die „Declarations on environmental care" einer Firma). Ein Beispiel ist

---

[23] Vgl. hierzu: Lynn Townsend White, Jr. (1967): „The Historical Roots of Our Ecologic Crisis", in: *Science*, Band 155 (Nr. 3767), March 10, 1967, S. 1203–1207.

das eines holländischen Philosophen[24], der vier Positionen unterscheidet, indem er verschiedene Möglichkeiten genetischer Veränderung von Pflanzen miteinander vergleicht. Er unterscheidet dabei zwischen den Zielen, die der genetischen Veränderung jeweils zugrunde liegen, den Arten der genetischen Veränderung und deren Auswirkungen auf die Pflanzen.

Kontrollfragen (für alle Lektionen)

- Was ist das Hauptanliegen der Umweltethik?
- Was ist der Unterschied zwischen dem anthropozentrischen und dem nicht-anthropozentrischen Ansatz?
- Welches sind die Haupttheorien innerhalb der beiden Sichtweisen?
- Welches sind die wichtigsten Vertreter dieser Theorien?
- Welche Art von Werten sind für den anthropozentrischen Ansatz vernünftig?
- Welches sind die Argumente dieses Ansatzes für die Zuerkennung eines moralischen Status für nicht-menschliche Wesen?
- Wie kannst du dein Wissen über die Themen des 4. Kapitels vertiefen?
- Kannst du ein eigenes Beispiel für eine menschliche Handlung gegenüber Natur und Umwelt nennen, das die fünf Kriterien erfüllt, um es als ein ethisches Problem zu bezeichnen?
- Benutze den Stufenplan, um deine persönliche ethische Position bezüglich dieses Problems zu analysieren und zu beurteilen! Halten deine Werte und Normen den Haupttheorien und ihrer Vertreter stand?
- Welches ist deine grundlegende Einstellung gegenüber Natur und Umwelt? Zu welcher Art von Handlung führt es, wenn du sie auf das moralische Problem anwendest, das du zuvor definiert hast?

---

[24] Kockelkoren (1993).

Literatur

Attfield, Robin (2003): *Environmental Ethics*; Cambridge / Oxford.

Barry, Brian (1999): Sustainability and Intergenerational Justice. In: Dobson, Andrew (Hg.): *Fairness and Futurity*. Oxford: Oxford University Press, S. 93-117.

Gewirth, Alan (2001): Human Rights and Future Generations. In: Boylan, Michael (Hg.): *Environmental Ethics*. New Jersey, S. 207-211.

Kockelkoren, P.J.H. (1993): Van een plantaardig naar een plantwaardig bestaan - ethische aspecten van biotechnologie bij planten. Enschede.

Krebs, Angelika (1999): *Ethics of Nature – A Map*. Berlin / New York.

Palmer, Clare (2008): An Overview of Environmental Ethics. In: Light, Andrew / Rolston III, Holmes (Hgg.): *Environmental Ethics – An Anthology*. Malden / USA, S. 15-37.

Parfit, Derek (1984): *Reasons and Persons*. Oxford: Clarendon Press.

Routley, Richard / Routley, Val (1979): Human Chauvinism and Environmental Ethics. In: Mannison, Don et al. (Hgg.): *Environmental Philosophy*. Canberra: Australian National University, S. 96-198.

Singer, Peter (1975): *Animal Liberation. A New Ethics for Our Treatment of Animals*. New York.

Townsend White Jr., Lynn (1967): The Historical Roots of Our Ecologic Crisis. In: *Science*, vol. 155 (Number 3767), March 10, 1967, S. 1203–1207.

Wenz, Peter S. (2001): *Environmental Ethics Today*. New York / Oxford: Oxford University Press.

World Commission on Environment and Development (WCED) (1987): *Our Common Future. Internet*: http://www.un-documents.net/wced-ocf.htm.

Zweers, W. (1994): Milieufilosofie. In: Boersema, J.J. (Hg.): *Basisboek Milieukunde*. Meppel, S. 326-340.

Zweers, W.(1995): *Participeren aan de Natuur*. Utrecht.

5. Die Notwendigkeit politisch-rechtlicher Regelungen
Rainer Paslack & Jürgen W. Simon

Zentrales Ziel dieses Kapitels:

Der Lernende soll verstehen lernen,
- wie Umweltprobleme durch Recht und Politik geregelt werden können; und
- wie die Umweltethik dazu beitragen kann, diese Aufgabe zu leisten.

5.1 Lektion 1: Einleitung: Warum wir eine politisch-rechtliche Regulierung brauchen

---

Ziele dieses Abschnitts:

Sobald die/der Lernende diese Lektion abgeschlossen hat,
- versteht sie/er, was ökologische Politik und Umweltrecht bestimmt und welches ihre Ziele und Verantwortlichkeiten sind,
- kann sie/er die verschiedenen Bereiche und Probleme, wofür Umweltrecht zuständig ist, beschreiben,
- ist sie/er in der Lage, im Allgemeinen über den möglichen Beitrag der Umweltethik zur Regulierung von Umweltfragen durch den Staat zu diskutieren.

Jede Rechtsordnung dient der normgestützten Abwägung von bzw. Entscheidung zwischen entgegen stehenden Ansprüchen (etwa auf das Eigentum oder die Nutzung von Gütern, die Ausübung von Freiheitsrechten und vieles mehr), in denen unterschiedliche Interessen und Perspektiven zum Ausdruck kommen. Das friedliche Zusammenleben erfordert in modernen Gesellschaften das politische Aushandeln zwischen solchen konfligierenden Interessen und bedarf hierzu einer verlässlichen und konsistenten Rechtsordnung. Das Recht ist dabei zugleich Ausfluss und Bedingung legitimen politischen Handelns. In das geltende Recht gehen immer auch die dominanten Moralvorstellungen einer Gesellschaft ein. Vor allem bildet das Recht die Grundlage für die Entscheidung oder Schlichtung von Streitfällen, in denen Parteien mit unterschiedlichen Ansprüchen gegeneinander antreten.

Dies betrifft auch widerstreitende oder risikoreiche Ansprüche gegenüber der Nutzung natürlicher Ressourcen sowie im Umgang mit nichtmenschlichen Lebewesen. Entsprechend ist es im 20. Jahrhundert zur Etablierung eines eigenständigen Umweltrechts gekommen. Die Gesetzgebung trägt damit dem wachsenden Ausmaß gesellschaftlicher Eingriffe in die Natur Rechnung: je mehr einerseits die Umwelt zu einem knappen Gut geworden ist, um dessen Nutzung sich zahlreiche gesellschaftliche Akteure streiten, und andererseits die natürlichen Lebensräume von Pflanzen und Tieren (und damit diese selbst) durch die Ausbreitung der Zivilisation in ihrer Existenz bedroht werden, desto mehr sind Politik und Recht aufgefordert, die Natur vor Raubbau, Verschandelung und Zerstörung zu schützen.

Der Auftrag zu einer effizienten Natur- und Umweltpolitik verdankt sich dabei nicht zuletzt auch einem in der Öffentlichkeit gewachsenen Umweltbewusstsein und einer zunehmenden Wertschätzung von Tieren und Pflanzen um ihrer selbst willen. Natur- und Umweltschutz werden so zu einer öffentlichen Aufgabe, die im Prinzip als gleichwertig mit der Förderung der Wirtschaft und der Verwirklichung sozialer Gerechtigkeit zu betrachten ist. Und dementsprechend wird dem Umweltrecht ein zunehmend hoher Rang innerhalb des Rechtssystems eingeräumt. Mit der Installierung des Umweltrechts wird nun zugleich auch die Umweltethik aufgewertet, insofern tier- und umweltethische Wertvorstellungen in die Ausformulierung des Umweltrechts einfließen. Die Durchsetzung umweltethischer Forderungen ist in der modernen Gesellschaft fortan an die Ausgestaltung und Wirksamkeit des geltenden Umweltrechts gebunden.

Mittlerweile sind zahllose rechtliche Regelungen entweder unmittelbar umweltrechtlicher Natur oder zumindest von umweltrechtlichen Überlegungen und Bestimmungen mitbestimmt: etwa die Festlegung von Emissionsgrenzen oder Fischfangquoten, die Vergabe von Wasserlizenzen, die Freigabe von Flächen zur Bebauung oder landwirtschaftlichen Nutzung, die Genehmigung zur Errichtung von Staudämmen, Brücken oder Flugplätzen, zur Veränderung von Flussverläufen (Kanalisierung), zur Anlage von Mülldeponien, zur Industrieansiedlung oder Energieerzeugung und vieles mehr. Fast alle menschlichen Tätigkeiten, die in irgendeiner Weise in die Umwelt oder den Naturhaushalt eingreifen, können daher umweltrechtliche Fragen aufwerfen und umweltrechtliche Regelungen erforderlich machen.

Generell gilt: Politisch-rechtliche Regulierung oder Umweltrecht ist ein wichtiges Instrument für den Schutz der Umwelt im Einklang mit Ökonomie und sozialen Leben. Es ist eine komplexe und ineinander verschränkte Materie von Statuten, Gewohnheitsrechten, Verträgen, Übereinkommen, Verordnungen und Richtlinien, die (sehr weit gesehen) dazu da sind, die Interaktion des Menschen mit der biophysikalischen oder sonstigen natürlichen Umwelt zu regulieren. Zweck der gesetzlichen Vorschriften über den Schutz der Umwelt ist die Verringerung oder Minimierung der Auswirkungen menschlicher Tätigkeiten auf die natürliche Umwelt um ihrer selbst willen und auf die Menschheit an sich.

Die wichtigsten Bereiche des Umweltrechts befassen sich unter anderem mit: Qualitätsverbesserung im Allgemeinen, Qualität des Wassers, globaler Klimawandel, Landwirtschaft, Biodiversität, Artenschutz, Pestizide und gefährliche Chemikalien, Entsorgung, Sanierung von kontaminierten Böden und nachhaltige Entwicklung.

Das Umweltrecht ist von den Grundsätzen der Umweltbewegung und der wissenschaftlichen Ökologie (Verantwortung für die Natur zu tragen) sowie von der Idee der Nachhaltigkeit beeinflusst. Soweit Umweltschutz ein öffentliches und staatliches Ziel ist, basiert dieses auf verschiedenen umweltpolitischen Prinzipien. In diesem Kapitel werden wir in diese Grundsätze einführen (insbesondere in 5.2).

Doch zunächst sollen einige systematische Beschreibungen zu diesem Rechtszweig gegeben werden. Die gesetzlichen Normen und Regeln können in allgemeine und besondere Umweltbestimmungen aufgeteilt werden. Allgemeine Umweltschutzregelungen sind keinem speziellen

Umweltschutzbereich zugeordnet, sondern bereichsübergreifend anwendbar. Besondere Umweltschutzregelungen unterscheiden sich je nach dem Schutzgegenstand bzw. dem jeweiligen Maßnahmenansatz. Dabei kann folgende Orientierung benutzt werden: Umweltschutzregelungen können

- *medial* auf den Schutz verschiedener Umweltmedien (wie Boden, Wasser und Luft) oder
- *kausal* auf den Schutz der Umwelt vor gefährlichen Stoffemissionen bezogen sein; schließlich können sie auch
- *vital* dem unmittelbaren Schutz von Tieren und Pflanzen dienen.

Hinsichtlich des Maßnahmenansatzes kann das Umweltrecht

- *anlagenbezogen* sein (also etwa der Luftreinhaltung, dem Strahlenschutz oder der Energieeinsparung dienen) oder
- *stoffbezogen* sein (Schutz vor gefährlichen Chemikalien; Abfallvermeidung bzw. Abfallentsorgung) oder auch
- *flächenbezogen* sein (zum Zwecke des Gewässerschutzes, der Landschaftspflege oder des Bodenschutzes).

Insofern kein spezielles Umweltgesetzbuch existiert, in dem alle relevanten Umweltschutzfragen auf integrierte Weise behandelt werden, sind von umweltrechtlichen Regelungen verschiedene Rechtsgebiete betroffen: das *Strafrecht* (bzw. Umweltstrafrecht), insofern umweltschädigendes Verhalten unter Strafe gestellt wird; sowie das *Zivilrecht*, in dessen Rahmen Ansprüche auf Schadensersatz geregelt werden, insofern Umweltschädigungen kompensiert werden sollen.

Darüber hinaus kennt das Umweltrecht zahlreiche *Instrumente*, mit deren Hilfe die Ziele des Umweltschutzes erreicht und umweltpolitische Vorgaben effizient umgesetzt werden können. Zu diesen Instrumenten gehören insbesondere:

- Instrumente zur Umweltplanung (vor allem zur Sicherung von Ressourcen bzw. zur Verhinderung ökologischer Risiken)
- Instrumente zur direkten Verhaltenssteuerung (Verbote und Gebote, bestimmte Pflichten, denen umweltrelevante Akteure unterworfen werden);
- Instrumente zur indirekten Verhaltenssteuerung (Einfluss auf die Motivation der umweltrelevanten Akteure);

Im Abschnitt 5.3 werden wir auf diese Instrumente noch näher eingehen. Zunächst aber wenden wir uns (in der 2. Lektion) den Prinzipien zu, auf denen jede Gesetzgebung zum Umweltrecht beruht (bzw. beruhen sollte) und auf die auch das Umweltrecht der EU und allgemein das Umweltvölkerrecht immer wieder Bezug nimmt.

Kontrollfragen I
- Wofür, allgemein gefragt, ist eine politisch-rechtliche Regelung notwendig?
- Was kann Umweltethik zu ökologischer Politik und ökologischem Recht beitragen? (Benenne und diskutiere Beispiele, wofür Umweltrecht insbesondere erforderlich ist!)
- Welchen Bereichen und Fragen des Umweltschutzes ist Umweltrecht zugewiesen?
- Welches sind die wichtigsten Ziele und Mittel der Umweltpolitik?

5.2 Lektion 2: Grundlagen für politische und rechtliche Maßnahmen

---

Ziele dieses Abschnitts:

Sobald die/der Lernende diese Lektion abgeschlossen hat,
- kann sie/er die leitenden Grundsätze für das Umweltrecht sowohl im nationalen und internationalen Rahmen unterscheiden und erklären,
- ist sie/er in der Lage, die Bedeutung der Begriffe „Nachhaltigkeit" und „nachhaltige Entwicklung" im Rahmen des Naturschutzes zu verstehen.

Ein inhaltlich bedeutsames Umweltrecht muss durch einige hochrangige Prinzipien geleitet werden. Für viele nationale Vorschriften im Bereich des Umweltrechts innerhalb der Europäischen Union (so etwa in Deutschland) bilden vier Grundsätze die Basis für alle Prozesse der Umweltrechtssetzung: das Vorsorgeprinzip, das Verursacherprinzip, das Prinzip der nachhaltigen Entwicklung (in Bezug auf die Integration von Umweltschutz und wirtschaftlicher Entwicklung) und der Grundsatz der Zusammenarbeit. Oft werden noch weitere Grundsätze genannt, die diese vier Prinzipien vervollständigen oder sie in gewisser Hinsicht spezifizieren:

- Umweltverfahrensrechte,
- gemeinsame, aber differenzierte Verantwortungen,
- der Grundsatz der Gerechtigkeit zwischen den Generationen,
- gemeinsame Sorge für die Menschheit sowie
- Erhaltung der Umwelt als eines gemeinsamen Erbes

Im Folgenden werden wir unseren Fokus auf die zunächst genannten vier wichtigsten Grundsätze beschränken.[25]

5.2.1 Vorsorgeprinzip

Dieses Prinzip ist ein ethisches und politisches Prinzip. Es besagt, dass, wenn eine Aktion oder Politik schwerwiegende oder irreversible Schäden für die Öffentlichkeit oder die Umwelt haben könnte, in Ermangelung eines wissenschaftlichen Konsens darüber, ob nicht ein Schaden eintreten könnte, die Beweislast auf diejenigen verlagert wird, die Verfechter der Durchführung der Maßnahme sind (Raffensperger / Tickner 1999). Das

---

[25] Für nähere Informationen siehe die Artikel in „The Free Wikipedia":
http://en.wikipedia.org/wiki/Precautionary_principle;
http://en.wikipedia.org/wiki/Sustainable_development;
http://en.wikipedia.org/wiki/Polluter_pays_principle

Prinzip impliziert, dass es eine Verantwortung gibt, einzugreifen und die Öffentlichkeit dort vor der Exposition von Schäden zu schützen, wo wissenschaftliche Untersuchungen ein plausibles Risiko auch für andere angenommene Ursachen festgestellt haben. Die Schutzmechanismen, die angenommene Risiken mildern, können nur reduziert werden, wenn sich weitere wissenschaftliche Erkenntnisse ergeben, die mit größerem Nachdruck eine alternative Erklärung begründen. In einigen Rechtsordnungen, wie in dem Recht der Europäischen Union, ist das Vorsorgeprinzip auch ein allgemeines und obligatorisches Prinzip der Rechtsstaatlichkeit (Recuerda 2006).

Es gibt zahlreiche Definitionen des Vorsorgeprinzips. In ihrem Bericht über die Umwelt von 1976 beschreibt z. B. die deutsche Bundesregierung das Vorsorgeprinzip wie folgt: „Die Umweltpolitik wird nicht dadurch begrenzt, dass sie immanente Gefahren abwenden und Schäden beseitigen muss, die bereits eingetreten sind. Vorsorgende Umweltpolitik verlangt außerdem, dass die natürliche Umwelt geschützt und mit Sorgfalt behandelt werden muss. Das Vorsorgeprinzip ist in einer Reihe von umweltpolitischen Bestimmungen verankert und beinhaltet auch die Schonung von Ressourcen zusätzlich zur Risikovorsorge."

Das „Wingspread Statement über das Vorsorgeprinzip" von 1998 fasst das Prinzip so zusammen: „Wenn eine Tätigkeit die menschliche Gesundheit oder die Umwelt zu schaden droht, sollten Vorsorgemaßnahmen getroffen werden, auch wenn einige der Ursache- und Wirkungsbeziehungen noch nicht vollständig wissenschaftlich etabliert sind." (Die Wingspread Konferenz über das Vorsorgeprinzip wurde vom Science and Environmental Health Network einberufen).

Am 2. Februar 2000 stellt eine Mitteilung der Europäischen Kommission zum Vorsorgeprinzip fest: „Das Vorsorgeprinzip gilt, wenn die wissenschaftliche Beweislage nicht ausreicht, unschlüssig oder unsicher ist und eine vorläufige wissenschaftliche Bewertung zeigt, dass es hinreichende Gründe für die Besorgnis gibt, dass die potenziell gefährlichen Auswirkungen auf die Umwelt, die menschliche, tierische oder pflanzliche Gesundheit möglicherweise nicht mit dem hohen Niveau des Schutzes durch die EU in Einklang stehen."

Es ist wichtig zu betonen, dass dieser Grundsatz (obwohl er im Kontext wissenschaftlicher Unsicherheit zu sehen ist) von seinen Befürwortern nur dann als anwendbar angesehen wird, wenn auf der Grundlage der besten verfügbaren wissenschaftlichen Gutachten anzunehmen ist, dass es guten Grund zu glauben gibt, dass schädliche Auswirkungen auftreten könnten.

Das Vorsorgeprinzip wird am häufigsten im Kontext der Auswirkungen menschlichen Handelns auf die Umwelt und die menschliche Gesundheit angewandt, weil diese beide komplexe Systeme sind, in denen die Folgen von Handlungen unberechenbar sein können.

Im Hinblick auf die Umweltpolitik besagt das Vorsorgeprinzip, dass die Beweislast für die Unschädlichkeit bei Aktivitäten, die in die Umwelt intervenieren (wie die Freisetzung von Strahlungen, Toxinen oder eine massive Abholzung), bei deren Befürwortern liegt. In Bezug auf mögliche Gefahren für die öffentliche Gesundheit sind Fallbeispiele, in denen das Vorsorgeprinzip vertreten (aber nicht immer akzeptiert) worden ist: die Kommerzialisierung von gentechnisch veränderten Lebensmitteln, die Verwendung von Wachstumshormonen in der Rinderzucht, Maßnahmen, um den „Rinderwahnsinn" zu verhindern, gesundheitsbezogene Angaben zu Phthalaten in PVC-Spielzeug und viele andere mehr.

Die Anwendung des Vorsorgeprinzips wird sowohl durch den Mangel an politischem Willen wie durch eine breite Palette von möglichen Auslegungen behindert. Zur Entscheidung, wie der Grundsatz anzuwenden ist, kann eine Kosten-Nutzen-Analyse beitragen, die die Opportunitätskosten des Nicht-Handelns und den Wert der Option des Wartens auf weitere Informationen vor dem Handeln einbezieht. Eine der Schwierigkeiten bei der Anwendung des Prinzips in den modernen politischen Entscheidungsprozess ist zudem, dass es oft einen nicht reduzierbaren Konflikt zwischen verschiedenen Interessen gibt, so dass die Debatte zwangsläufig politische Eingriffe erfordert.

Es gibt zwei Formen der Anwendung des Vorsorgeprinzips:

- Die *starke Vorsorge* besagt, dass eine Regulierung erforderlich ist, wenn sich eine mögliche Gefahr für die Gesundheit, die Sicherheit oder die Umwelt zeigt, auch wenn die Nachweise spekulativ sind und selbst wenn die wirtschaftlichen Kosten der Regulierung hoch sind. Eine starke Form des Vorsorgeprinzips zum Beispiel wäre die Anwendung von Maßnahmen, die das Risiko von Umweltschäden durch den Klimawandel dadurch vermindern oder verhindern, dass sie den Fokus auf die Verringerung oder Vermeidung der Emission von Treibhausgasen richten.
- Als *schwache Vorsorge* gilt, dass der Mangel an wissenschaftlichen Erkenntnissen eine Handlung nicht ausschließt, wenn der Schaden ansonsten schwerwiegend und irreversibel wäre. Die Menschen wenden die „schwache" Vorsorge jeden Tag an und schaffen so oft Kosten, um Gefahren zu vermeiden, die weit davon entfernt sind, sicher einzutreten: Wir wollen auch nicht in mäßig gefährlichen Bereichen zu Fuß bei Nacht gehen, wir trainieren, wir kaufen Rauchmelder und wir schnallen unsere Sicherheitsgurte um.[26]

Bei der Anwendung dieses Prinzips ist es empfehlenswert, dass die Gesellschaft eine minimale Schwelle wissenschaftlicher Gewissheit oder Plausibilität schafft, bevor sie Vorsichtsmaßnahmen einführt. Normalerweise ist keine Untergrenze für die Plausibilität als „Auslösungs"-Bedingung gegeben, so dass jeder Hinweis darauf, ein vorgeschlagenes Produkt oder eine Aktivität könnten der Gesundheit oder der Umwelt schaden, ausreicht, um dieses Prinzip anzuwenden. Oft ist die einzige Vorsichts-

---

[26] „The paralyzing principle: Does the precautionary principle point us in any helpful direction?" Goliath Business Knowledge on Demand, Dezember 2002: http://goliath.ecnext.com/coms2/gi_0199-2593495/The-paralyzing-principle-does-the.html

maßnahme, die getroffen wird, ein Verbot des Produkts oder der Tätigkeit.[27]

5.2.2 Verursacherprinzip (versus Community-Pays-Prinzip)

Das Verursacherprinzip besagt, dass derjenige, der für Umwelteinwirkung, die die Belastung verursacht, verantwortlich ist, auch die Kosten für deren Behebung zu tragen habe; d. h. es wird von ihm verlangt, dass er eine solche Einwirkung verhindert, korrigiert oder finanziell ausgleicht. Probleme stellen sich allerdings in den Fällen von Altlasten, wenn die Verantwortlichen oft nicht mehr haftbar gemacht werden können, und daher – so keine andere Partei haftbar gemacht werden kann – die breite Öffentlichkeit die Kosten tragen muss. In solchen Fällen würde das Verursacherprinzip von dem Prinzip ersetzt, dass die Gemeinschaft die Kosten tragen muss.

Im Umweltrecht tritt das Verursacherprinzip in Kraft, um die verantwortliche Partei für die Verursachung der Verschmutzung und für die Zahlung des Schadens heranzuziehen, der der natürlichen Umwelt zugefügt wurde. Dieses Prinzip wird sogar als regional üblicher Brauch angesehen wegen der starken Unterstützung, die es in den meisten Organisationen für wirtschaftliche Zusammenarbeit und Entwicklung (OECD) und der Europäischen Gemeinschaft (EG) Ländern erhalten hat. Im internationalen Umweltrecht wird es im Grundsatz 16 der „Rio-Erklärung über Umwelt und Entwicklung" erwähnt.

Die auf dem „der Verursacher-zahlt"-Prinzip aufbauende Umweltpolitik, wie zum Beispiel die Ökosteuer, soll abschrecken und kann wesentlich den Ausstoß von Treibhausgasen reduzieren, wenn sie von einer Regierung in Kraft gesetzt wird.

Dass der Verursacher zahlt, ist auch als „Erweiterte Verschmutzer-Verantwortung" (EPR) bekannt. Dies ist ein Konzept, das wahrscheinlich

---

[27] Zur Debatte zum Vorsorgeprinzip siehe: „Guilty until Proven Innocent" oder „Innocent until Proven Guilty"? (Henk van den Belt 2003).

erstmals von der schwedischen Regierung im Jahre 1975 beschrieben wurde. EPR soll versuchen, die Verantwortung im Umgang mit Abfällen von den Regierungen (und damit den Steuerzahlern und der Gesellschaft insgesamt) auf diejenigen zu verlagern, die diese Abfälle produzieren.

Die OECD definiert EPR als „ein Konzept, bei dem die Hersteller und Importeure von Produkten ein erhebliches Maß an Verantwortung für die Umweltauswirkungen ihrer Produkte durch den gesamten Produkt-Lebenszyklus tragen sollten, einschließlich der vorgelagerten Auswirkungen bei der Auswahl der Materialien für die Produkte, die Auswirkungen von Herstellern im Produktionsprozess selbst und auch den nachgelagerten Auswirkungen aus der Nutzung und bei der Entsorgung der Produkte. Die Hersteller akzeptieren ihre Verantwortung bei der Gestaltung ihrer Produkte, um die Umwelteinwirkungen aus deren Lebenszyklus zu minimieren, und durch die Übernahme rechtlicher, physischer oder sozio-ökonomischer Verantwortung für die Umwelteinwirkungen, die nicht durch das Produktdesign eliminiert werden können."[28]

5.2.3 Das Prinzip der Nachhaltigkeit (nachhaltige Entwicklung)

Ein weiteres wichtiges Prinzip ist das Prinzip der nachhaltigen Entwicklung, das als eine spezielle Anwendung des Vorsorgeprinzips auf Ressourcen verstanden werden kann. Dieser Grundsatz stellt ein Muster für die Ressourcennutzung dar, das darauf abzielt, die menschlichen Bedürfnisse zu befriedigen, während zugleich die Erhaltung der Umwelt gewährleistet ist, so dass diese Ziele nicht nur in der Gegenwart, sondern auch für künftige Generationen erfüllt werden können. Der Begriff wurde von der Brundtland-Kommission eingeführt und erwies sich als die am häufigsten zitierte Definition von nachhaltiger Entwicklung als einer Entwicklung, die „die Bedürfnisse der Gegenwart befriedigt, ohne die

---

[28] Siehe:
http://www.oecd.org/document/53/0,3343,en_2649_34395_37284725_1_1_1_1,00.html

Möglichkeiten künftiger Generationen zur Befriedigung ihrer eigenen Bedürfnisse zu gefährden." (United Nations 1987; vgl. Smith/Rees 1998)

Nachhaltige Entwicklung verbindet die Sorge um die Tragfähigkeit der natürlichen Systeme mit den sozialen Herausforderungen der Menschheit. Bereits in den 1970er Jahren wurde der Begriff „Nachhaltigkeit" eingesetzt, um eine Wirtschaft „im Gleichgewicht zu beschreiben, mit grundlegenden ökologischen Unterstützungssystemen" (Stivers 1976). Ökologen haben auf die „Grenzen des Wachstums hingewiesen" (Meadows et al. 1971) und die Alternative einer „steady state economy" präsentiert (Daly 1973), um ökologische Anliegen anzusprechen. Nachhaltige Entwicklung richtet sich dabei nicht ausschließlich auf Umweltfragen, sondern berührt auch soziale und kulturelle Belange.

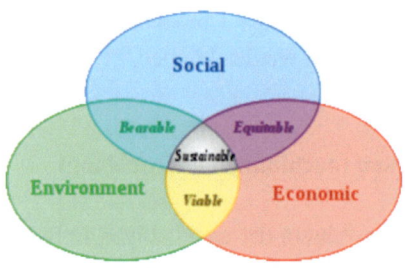

Abb. 1: Schema der nachhaltigen Entwicklung: im Schnittpunkt von drei konstituierenden Bestandteilen (UCN 2006).[29]

Nach Hasna ist Nachhaltigkeit ein Prozess, der eine die Entwicklung aller Aspekte des menschlichen Lebens betreffende Erhaltung beschreibt. Sie strebt die Lösung des Konflikts zwischen verschiedenen konkurrierenden Zielen an und beinhaltet die gleichzeitige Verfolgung von wirtschaftlichem Wohlstand, Umweltqualität und sozialer Gerechtigkeit; Nachhaltig-

---

[29] Quelle: http://cmsdata.iucn.org/downloads/iucn_future_of_sustanability.pdf

keit verweist somit auf einen sich ständig weiterentwickelnden Prozess (Hasna 2007).
  Nachhaltige Entwicklung ist ein eklektisches Konzept, insofern es ein breites Spektrum von Ansichten abdeckt. Das Konzept bezieht etwa Vorstellungen von schwacher Nachhaltigkeit, starker Nachhaltigkeit und tiefer Ökologie mit ein. Unterschiedliche Konzeptionen zeigen auch eine starke Spannung zwischen Ökozentrismus und Anthropozentrismus. Insgesamt ist das Konzept nur schwach ausformuliert und bietet viel Spielraum für Debatten um seine genaue Definition.
  Maßnahmen zur Erhaltung der ökologischen Nachhaltigkeit dienen der Herstellung von Interaktionen mit der Umwelt, die auf der Idee beruhen, den Schutz der Umwelt als möglichst unberührter Natur auf ein ideales Verhalten hin zu realisieren. Eine „nicht-nachhaltige Situation" tritt ein, wenn „natürliches Kapital" (die Summe der Natur-Ressourcen) schneller verbraucht wird, als es wieder aufgefüllt werden kann. Nachhaltigkeit erfordert, dass menschliche Aktivitäten Naturressourcen nur in dem Ausmaß verbrauchen, in dem diese natürlich wieder hergestellt (regeneriert) werden können. Von Natur aus ist das Konzept der nachhaltigen Entwicklung mit dem Begriff der Tragfähigkeit verflochten. Theoretisch ist die langfristige Folge der Umweltzerstörung die Unfähigkeit, menschliches Leben zu erhalten. Eine wesentliche Verschlechterung auf globaler Ebene könnte sogar das Aussterben der Menschheit bedeuten.
  Die Debatte über nachhaltige Entwicklung beruht auf der Annahme, dass Gesellschaften drei Arten von Kapital (wirtschaftliches, soziales und natürliches) organisieren, die nicht substituierbar sind und deren Konsum irreversibel sein könnte (Dyllick / Hockerts). Daly (1973; 1991) zum Beispiel verweist auf die Tatsache, dass natürliches Kapital nicht notwendigerweise durch ökonomische Kapital ersetzt werden kann. Zwar ist es möglich, dass wir einige Möglichkeiten finden können, um die natürlichen Ressourcen durch künstliche zu ersetzen, es ist aber sehr unwahrscheinlich, dass diese technischen „Substitutionen" jemals in der Lage sein werden, Ökosystem-Dienstleistungen wie den Schutz der Ozon-

schicht oder die das Klima stabilisierende Funktion des amazonischen Regenwalds zu ersetzen.

In der Tat bilden natürliches Kapital, soziales Kapital und ökonomisches Kapital oft Komplementaritäten, die einander ergänzen, aber nicht gegeneinander ausgetauscht wedrden können. Ein zentrales Hindernis für ihre Austauschbarkeit liegt in der Multifunktionalität vieler natürlicher Ressourcen: Wälder zum Beispiel versorgen uns nicht nur mit dem Rohstoff für die Papierherstellung (dieser kann recht leicht substituiert werden), sondern sie erhalten auch die biologische Vielfalt, regulieren den Fluss des Wassers und absorbieren CO_2. Ein weiteres Problem bei der Verschlechterung des natürlichen und sozialen Kapitals liegt in ihrer partiellen Irreversibilität. Einbußen in der Artenvielfalt, zum Beispiel, sind oft endgültig. Dasselbe kann hinsichtlich der kulturellen Vielfalt geschehen. Zum Beispiel sinkt mit schnell fortschreitender Globalisierung die Zahl der indigenen Sprachen in alarmierenden Raten. Darüber hinaus kann die Erschöpfung des natürlichen und sozialen Kapitals nicht-lineare Folgen haben. Der Verbrauch des natürlichen und sozialen Kapitals mag zunächst keine erkennbaren Auswirkungen haben, bis ein bestimmter Schwellenwert erreicht wird. Ein See kann zum Beispiel die Aufnahme von Nährstoffen für eine lange Zeit absorbieren und dabei tatsächlich seine Produktivität erhöhen. Sobald jedoch ein gewisses Ausmaß an Algenwuchs erreicht ist, bewirkt der dann eintretende Mangel an Sauerstoff oftmals, dass das Ökosystem des Sees plötzlich zusammenbricht.

5.2.4 Prinzip der Zusammenarbeit

Der Grundsatz der Zusammenarbeit unterstreicht, dass der Umweltschutz in der Verantwortung der gesamten Gesellschaft und nicht nur des Staates liegt: Dementsprechend sind alle Teile der Gesellschaft und des Staates aufgefordert zusammenzuarbeiten. Der Grundsatz der Zusammenarbeit ist das schwächste im klassischen Dreiklang von ökologischen Prinzipien, der kaum den Anforderungen gerecht werden kann, wie sie an ein Leitprinzip der Gesetzgebung gestellt werden müssen.

Abgesehen von diesen vier Grundprinzipien gibt es eine Reihe weiterer leitender Grundsätze für das nationale und internationale Umweltrecht, wie etwa das „Großvater"-Prinzip oder den Grundsatz, dass Handlungen nicht zu einer signifikanten Verschlechterung der Umweltbedingungen führen dürfen. Nicht zuletzt müssen wir das Prinzip des grenzüberschreitenden Umweltschutzes erwähnen: Dieses Prinzip spiegelt die Einsicht, dass Umweltprobleme nicht an nationalen Grenzen Halt machen. Dieses Prinzip liegt zum Beispiel den internationalen Wasser-Rahmenrichtlinien zugrunde, die auf die grenzüberschreitende Bewirtschaftung der Wasserressourcen in natürlichen Einzugsgebieten abstellen.

Nationales wie internationales Umweltrecht beruht häufig auf den soeben genannten Grundsätzen. Dies ist wichtig, weil viele Umweltprobleme grenzüberschreitende Probleme sind, wie etwa der Klimawandel oder die Luft- und Meerwasserverschmutzung.

Das internationale Umweltrecht bildet gewissermaßen den „Körper" des internationalen Rechts, insofern es den Schutz der globalen Umwelt betrifft. Ursprünglich verbunden mit dem Grundsatz, dass Staaten die Nutzung ihres Hoheitsgebiets nicht in einer Weise zulassen dürfen, dass das Hoheitsgebiet anderer Staaten verletzt wird, ist nationales Umweltrecht inzwischen durch eine Vielzahl von rechtlich bindenden internationalen Vereinbarungen erweitert worden. Diese umfassen eine Vielzahl von Problembereichen von der Land-, Meeres- und Luftverschmutzung bis hin zu Tier- und Artenschutz.

Die historisch bedeutsamen konstitutionellen Schlüsselelemente in der Entwicklung des internationalen Umweltrechts sind:

- Das Übereinkommen der Vereinten Nationen von 1972 über die menschliche Umwelt (UNCHE) in Stockholm; sowie 1987 der Brundtland-Bericht „Our Common Future", der den Begriff „nachhaltige Entwicklung" prägte;

- die Konferenz der Vereinten Nationen über Umwelt und Entwicklung (UNCED) in Rio de Janeiro von 1992.

Als ein Herzstück des internationalen Rechts wurde in der oben genannten Konferenz von Stockholm (1972) bestimmt, dass die Staaten zwar berechtigt sind, ihre eigenen Ressourcen auszubeuten, dass es aber ebenfalls zu ihrer Verantwortlichkeit gehört, dass Handlungen, die von ihrem Territorium ausgehen, keine Schäden für die Umwelt anderer Staaten bewirken dürfen. Diese Regelungen schließen alle einschlägigen Normen und Regeln und sind inzwischen so verbreitet, dass sie alle Staaten in der Welt binden. Ab wann ein Prinzip zum Gewohnheitsrecht wird, ist nicht eindeutig bestimmbar und manche Argumente werden von Staaten dagegen vorgebracht, die nicht an dieses Prinzip gebunden sein wollen. Umweltrelevante Beispiele internationalen Gewohnheitsrechts sind etwa:

- die Pflicht, andere Staaten umgehend über Notfälle zulasten der Umwelt und ökologische Schäden zu informieren, denen sie von einem anderen Staat oder Staaten ausgesetzt sein können;
- Grundsatz 21 der Erklärung von Stockholm („guter Nachbarschaft" oder sic utere).

Allerdings lässt sich aus dem internationalen Gewohnheitsrecht keine Pflicht zu einem bestimmten Ergebnis staatlichen Handelns (etwa einem Verbot jedweder grenzüberschreitender Umweltschädigung) ableiten, sondern allenfalls eine Pflicht zur Einhaltung bestimmter Sorgfaltspflichten, die allgemein zwischen Staaten gelten.[30] Dennoch darf man davon ausgehen, dass das internationale Umweltrecht eine immer größere Bedeutung erlangen wird. Dies wird letztlich auch davon abhängen, wie weit die in der Stockholmer Erklärung von 1972 ausgesprochenen Grundsätze in zwischenstaatliche Vereinbarungen umgesetzt werden. Eine besondere Rolle in diesem Prozess könnte auch das Konzept des „Common Concern of Humankind" spielen, welches bislang aber auf den Schutz des

---

[30] Vgl. Simonis (2003: 227).

Klimas und der Biodiversität beschränkt geblieben ist. Insbesondere die „Framework Convention on Climate Change" (UNFCCC) von 1992 könnte auf lange Sicht dazu führen, dass die Staaten ihre Pflichten gegenüber globalen Umweltproblemen – auch gerade im Hinblick auf Nord-Süd-Beziehungen – ernster als bisher nehmen.

Wenden wir uns nunmehr den Möglichkeiten (Instrumenten) zu, die einem Einzelstaat zur Verfügung stehen, um zum einen Umweltplanungen ins Werk zu setzen und zum andern das Verhalten seiner Bürger im Umgang mit der Umwelt zu regeln bzw. positiv zu beeinflussen.

Kontrollfragen II

- Was sind die wichtigsten Grundsätze für Umweltpolitik und -recht?
- Was bedeutet die Verwendung des „Vorsorgeprinzips" und welches sind die wichtigsten Formen dieses Grundsatzes?
- Erläuetere das Problem der Umsetzung des Prinzips „der Verursacher zahlt"!
- Was versteht man unter „verantwortungsvoller ökologischer Nachhaltigkeit" im Bereich der Öko-Politik?
- Warum (in welchen Fällen) ist das internationale Umweltrecht erforderlich? Oder warum (in welchen Fällen) ist es entscheidend, ein internationales Umweltrecht zu haben?

5.3 Lektion 3: Regulierung des Umweltverhaltens[31]

Ziele dieses Abschnitts:
Sobald die/der Lernende diese Lektion abgeschlossen ist, ist sie/er in der Lage,
- die Bedeutung eines angemessenen „ökologischen Verhaltens" im Sinne des Umweltrechts einschätzen,
- die Unterschiede zwischen direkter und indirekter Regulierung des ökologischen Verhaltens zu diskutieren,
- die Anwendbarkeit der verschiedenen Instrumente von Umweltpolitik und Umweltrecht zur Regulierung des Umweltverhaltens herausarbeiten.

5.3.1 Instrumente der Umweltpolitik (Umweltplanung)

Die Umweltpolitik hat sich in den Industrieländern vor allem als Reaktion auf ein hohes, umweltintensives Industriewachstum zu Beginn der 1970er Jahre als ein spezielles Regierungsressort herausgebildet. Zunächst beschränkte sie sich in der Hauptsache auf die Tätigkeit des Staates selbst. Doch werden inzwischen mehr und mehr auch andere umweltrelevante Akteure (so genannte „stakeholders") in die umweltpolitische Verantwortung gezogen. Insbesondere spielt die Eigenverantwortlichkeit der Verursacher von (potenziellen) Umweltproblemen eine immer gewichtigere Rolle. Hinzu kommt das Erfordernis, auch in anderen Ressorts umweltpolitische Ziele und Strategien zur Geltung zu bringen: wie etwa in der Energie-, Verkehrs-, Industrie-, Agrar- oder Baupolitik. „Harte" umweltpolitische Instrumente (wie Gesetze und Verordnungen) stehen hier neben „weichen" Methoden der Verhaltenssteuerung.

Neben dem Umweltrecht bildet die Umweltplanung das zentrale Instrumentarium der Umweltpolitik, insofern Umweltpolitik nicht nur als ordnende, sondern auch als gestaltende Politik wirken will. Die Umweltplanung kann dabei verstanden werden als die Erarbeitung nachhaltiger

---

[31] Zum Folgenden siehe vor allem Knopp 2008.

Umweltstrategien, die es ermöglichen sollen, raum- und/oder sektorbezogene Umweltschutzziele innerhalb eines bestimmten Zeitraums zu erreichen: z. B. die Senkung von CO_2-Emissionen um 25% innerhalb der nächsten zehn Jahre. Hier spielte die Verabschiedung nationaler Umweltpläne in den 1980er Jahren in Dänemark, den Niederlanden und Finnland eine Vorreiterrolle. Wir wollen daher im Folgenden zunächst auf die Möglichkeiten der Umweltplanung näher eingehen.

Für die Durchsetzung der umweltpolitischen Grundsätze und Ziele sind vor allem zwei Instrumente in den Rechtsrahmen vieler Staaten innerhalb der Europäischen Union (EU) eingefügt worden:

(1.) Verschiedene Arten von Umweltplanung und
(2.) verschiedene Maßnahmen zur Regulierung des Umweltverhaltes

Umweltplanung ist ein wichtiges Instrument vorsorgenden Umweltschutzes. Die Planung erfolgt wie in einem mehrstufigen Prozess, in dem die aktuelle Situation analysiert und zukünftige Entwicklungen sowie mögliche Konflikte zwischen den Zielen und Interessen abgeschätzt werden.

Die Pläne können die Form von Gesetzen, gesetzlichen Vorschriften, Statuten, Verwaltungsvorschriften oder Verwaltungsakten haben, die jeweils unterschiedliche rechtliche Folgen nach sich ziehen. Darüber hinaus kann die Umweltplanung umfassende und detaillierte Fachplanungen verschiedener Planungsressorts beinhalten.

Zwei Formen der Umweltplanung sind dominant:

(A) *Umfassende Planung*: Die Aufgabe der umfassenden Planung für die Umwelt besteht in der Festlegung der grundsätzlichen Ziele, wobei Zukunftsvoraussicht betrieben wird: es geht etwa um die Landnutzung für Wohn-, Wirtschafts-, und Freizeitzwecke für einen bestimmten Bereich, unabhängig von jedem konkreten Projekt und nicht auf eine bestimmte Branche beschränkt.

(B) *Sektorale Planung*: Im Gegensatz dazu dienen Umweltfachplanungen dazu, Pläne zum Schutz der Umwelt zu erstellen; es sind vor allem die Landschaftspläne, Luftreinhaltepläne, Lärmschutzpläne, Wasserschutzpläne und Abfallwirtschaftspläne, die alle zusätzliche Durchsetzungsmaßnahmen erfordern.

Ein weiteres wichtiges Instrument, um umweltpolitische Anforderungen durchzusetzen, ist die „Umweltverträglichkeitsprüfung" (UVP). Das primäre Ziel dieses Instruments ist es, die Verwaltung rechtzeitig und umfassend über die möglichen Umweltauswirkungen ökologisch bedeutsamer Projekte zu informieren. UVP bedeutet, alle direkten und indirekten Auswirkungen eines geplanten Vorhabens auf die Umwelt zu erkennen, zu beschreiben und (unter Einschluss der ökologischen Wechselwirkungen) rechtzeitig zu beurteilen, so dass der Erlass und die Durchführung von Sicherungsmaßnahmen, quer durch alle Medien und Branchen und unter Einbeziehung der Öffentlichkeit, gewährleistet sind.

5.3.2 Instrumente zur Regulierung des ökologischen Verhaltens

Die Beeinflussung und Steuerung des Umweltverhaltens ist vielleicht das wichtigste Ziel von Umweltpolitik und Umweltbildung. Es gibt verschiedene Instrumente zur Regulierung des ökologischen Verhaltens. Man muss dabei zwischen direkten und indirekten Formen der Regulierung unterscheiden:

(1) Direkte Steuerung des Verhaltens
Direkte Steuerung des Verhaltens bezieht sich auf rechtliche Maßnahmen, die dafür entwickelt werden, unmittelbar auf das Umweltverhalten einzuwirken. Das „klassische" Instrument dieser Art ist das Umweltschutzordnungsrecht, das aus Polizei- und Ordnungsrecht entstammt und in der Regel die Nichteinhaltung von Sanktionen bestraft. Dementsprechend stehen Maßnahmen mit nachteiligen Auswirkungen auf die Umwelt unter

einer administrativen Kontrolle, die durch rechtliche Anforderungen gekennzeichnet ist wie Anmeldung, Registrierung, Konzessions-, Bewilligungs-, Genehmigungs- und andere Verfahren, um die Erlaubnis zu gewähren, diese Tätigkeit auszuüben. Darüber hinaus wird auch von der direkten Regulierung durch ausdrückliches (absolutes) Verbot oder die Anforderung eines bestimmten Verhaltens durch Gesetz Gebrauch gemacht.

Folgende Formen oder Instrumente der direkten Regulierung des Verhaltens existieren:

(a) Es gibt absolute gesetzliche Verbote (z. B. in Deutschland im Bundesnaturschutzgesetz, §§ 32), die direkt bestimmtes Verhalten mit nachteiligen Auswirkungen auf die Umwelt verbieten. Doch der Gesetzgeber setzt sich nur selten mit Maßnahmen dieser Art auseinander.

(b) Im Gegensatz dazu sind Erlaubnisverfahren das wichtigste Instrument im aktuellen Umweltordnungsrecht in vielen europäischen Staaten. Projekte, die genehmigungspflichtig sind, gelten als strikt verboten, solange sie nicht ausdrücklich erlaubt worden sind. Das Errichten oder Betreiben einer Anlage mit Umwelteinwirkung, die Umweltmedien (Boden, Wasser usw.) benutzt oder die Herstellung und die Verbreitung von gewissen Produkten – sie alle können von einer Erlaubnis abhängig gemacht werden. Eine Genehmigung ist insofern ein konstitutiver Verwaltungsakt, als er dem Kläger das Recht einräumt, rechtmäßig einer sonst verbotenen Tätigkeit nachzugehen.

(c) Das Umweltrecht umfasst eine Reihe von so genannten „ökologischen Verpflichtungen": Sie erlegen bestimmte Verpflichtungen entweder auf alle oder auf eine bestimmte Gruppe von Menschen. Normalerweise beinhalten diese Grundpflichten präventive und Vorsorgemaßnahmen, vor allem hinsichtlich der Erhaltung der Ressourcen (wie Wasser oder Boden). Abgesehen von diesen grundlegenden Verpflichtungen gibt es zahlreiche Nebenpflichten, die der Umwelt nutzen können, wie die Förderung und Durchführung von Überwachungs- und Schutzpflichten; außerdem Pflichten zu kooperieren und kontinuierlich Informationen preiszugeben bzw. auch organisatorische Verpflichtungen, bestimmte Aktionen zu dulden.

(2) Indirekte Regulierung des Verhaltens
Die indirekte Regulierung des Verhaltens beruht nicht auf Normen, die ein bestimmtes Verhalten veranlassen, sondern zielt darauf ab, die *Motivation* des Adressaten zu beeinflussen: Anreize für umweltfreundliches Verhalten werden gesetzt, wobei ein gewisser Ermessensspeilraum bei der konkreten Ausführung dem Adressaten überlassen bleibt. Zusätzlich zu Informationsinstrumenten gibt es Mittel der indirekten Verhaltensregulierung, insbesondere auch ökonomische Instrumente, wie z. B. Abgabenzertifikate und Subventionen. Allgemein lassen sich folgende Instrumente oder Maßnahmenbündel unterscheiden:

(a) *Information, Appelle und Warnungen.* Nach dem deutschen Umweltinformationsgesetz von 1994 wird freier Zugang zu Umweltinformationen als ein Mittel zur „Schärfung des Bewusstseins von Bürgern und Behörden für die Bedürfnisse des wirksamen Schutzes der Umwelt" vorgesehen. Die Mittel zur Stärkung des Umweltbewusstseins reichen von politischen und moralischen Appellen bis zu Warnungen, Empfehlungen und anderen Formen der Information, wie Etiketten, Produkt- und Verbrauchsinformationen etc.

(b) *Abgaben.* Das wichtigste Mittel, um indirekt Verhalten regulieren, sind Umweltabgaben. Sie wirken wie ein „Preisschild" auf die Nutzung der Umwelt und überlassen es den Marktteilnehmern zu entscheiden, ob und wie sie auf ihre individuellen Kosten-Nutzen-Analysen reagieren. – In der Praxis stellt sich aber die Unfähigkeit, gerade das Verhalten über Umweltabgaben zu beeinflussen, als Problem dar: Wenn die Abgaben zu niedrig angesetzt sind, werden sich die Verursacher für die Zahlung der Abgabe entscheiden statt ihr umweltschädliches Verhalten gegenüber der Umwelt zu verändern. Bei Abgaben, die zu hoch eingestellt sind, können diese die wirtschaftliche Wettbewerbsfähigkeit behindern.

Zum Beispiel werden in Deutschland derzeit folgende umweltrelevante Kosten erhoben:

- Abwasser-Gebühren
- Ausgleichsabgaben nach dem Naturschutzrecht wie Waldschutzgebühren in verschiedenen deutschen Ländern
- Wasserentnahme-Gebühren in einigen deutschen Bundesländern (der so genannte „Wasser-Pfennig")
- Gebühren für den Transport von Abfällen (nach dem Verbraucherrecht)

Umweltabgaben können als Steuern, Gebühren und Beiträge für Leistungen anfallen sowie als Sonderabgaben.

(c) *Die Gewährung von Leistungen für die Nutzer* von umweltfreundlichen Produkten ist eine andere Art der Gestaltung wirtschaftlicher Instrumente. „Vorteile für die Nutzung" bezieht sich auf Vorschriften, die allgemeine Beschränkungen für die Verwendung umweltschädlicher Produkte lockern oder anheben, wenn es für diese Produkte als wünschenswert angesehen wird, bestimmte Standards einzuhalten, obwohl diese Standards nicht gesetzlich vorgeschrieben sind. Auf diese Weise soll ein solches Produkt umweltfreundlicher werden als andere der gleichen Art. Obwohl dieses Instrument keine finanziellen Anreize einbezieht, sind mittel- und langfristige Veränderungen im Konsumverhalten zu erwarten, die dazu führen können, dass ökologisch schädliche Produkte aus dem Markt gedrängt werden können.

(d) *Subventionen*: Die finanzielle Unterstützung ist eine Form indirekter Verhaltensregulierung. Subventionen sind monetäre oder nicht monetäre Leistungen, die vom Staat gewährt werden, ohne dass ein Produkt oder eine Dienstleistung als Gegenleistung vorgesehen wird. – Subventionen werden in der Regel mit Skepsis betrachtet, da sie als anfällig für Missbrauch gelten und dafür, die Kostenbelastung des Umweltschutzes der allgemeinen Öffentlichkeit aufzubürden. Auf EU-Ebene gibt es eine Tendenz, dass Umweltschutzsubventionen zurückgeschnitten werden sollen.

(e) *Umweltzertifikate*: Die Idee der Umwelt-Zertifikate basiert auf einer markt- kompatiblen Form der Quantitätkontrolle durch den Staat. Auf Zertifikaten basierte Systeme gehen nicht von Preisen als Ausgangspunkt aus, sondern definieren einen zulässigen Wert für eine bestimmte künftige Nutzung der Umwelt in quantitativer Hinsicht, so dass dies zur Bildung von Verfahrensverbesserungen auf dem Markt führt. Dieses Instrument wurde für den Klimaschutz nach dem Kyoto-Protokoll eingesetzt. Die zugeteilten Emissionsrechte gewähren dem Inhaber das Recht, die Umwelt (nur) bis einem gewissen Grad zu verschmutzen. Sollte der Inhaber die Umwelt zu einem geringeren Grad als erlaubt verschmutzen, kann er die ungenutzten Verschmutzungszertifikate an andere Verursacher verkaufen. Unternehmen können damit entweder eine Verringerung der Emissionen aus ihren Anlagen wählen oder zusätzliche Emissionsrechte von anderen Unternehmen erwerben, denen es gelungen ist, die Emissionen zu geringeren Kosten zu reduzieren. – Die weitere Erfahrung wird zeigen, ob dieses Instrument tatsächlich bei der Verringerung der Treibhausgasemissionen erfolgreich sein wird.

Ökonomische Instrumente werden immer wichtiger als Ergänzung zum Umweltordnungsrecht. Es gibt keine einheitliche Antwort auf die Frage, was eigentlich die „richtige" Wahl der Instrumente ist, um auch ein angemessenes Gleichgewicht zwischen den verschiedenen ökologischen

Interessen der Benutzer, den Interessen der betroffenen Nachbarn, den Interessen der Allgemeinheit und dem Schutz der Umwelt zu erreichen. Gesetzgeber und Verwaltungen sind damit letztlich gezwungen, sich auf Versuch und Irrtum bei der Erzielung einer angemessenen Entscheidung zu berufen.

Kontrollfragen III
- Warum ist ökologisches Verhalten so wichtig?
- Was kann die Umweltregulierung zu einer Verbesserung des ökologischen Verhaltens beitragen?
- Welche Formen der Umweltplanung sind möglich? Diskutiere Beispiele aus deinem eigenen Alltag!
- Diskutiere die Unterschiede zwischen direkter und indirekter Regulierung ökologischen Verhaltens! Welche Instrumente würdest du wählen und warum?

5.4 Schlussfolgerungen

Umweltplanung und Umweltrecht sind mittlerweile unverzichtbare Instrumente der Umweltpolitik, ohne die die jeweiligen umweltpolitischen Ziele nicht umgesetzt werden könnten. An der Definition der umweltpolitischen Ziele wirken stets zahlreiche gesellschaftliche Akteure (etwa Verwaltungseinrichtungen, Parteien, Umweltverbände, private „stakeholders") mit. Insbesondere über die Umweltschutzverbände, die Beteiligung an (staatlichen) Beratungsgremien sowie die öffentlichen Medien können auch die Vertreter bestimmter umweltethischer Positionen versuchen, sich Gehör zu verschaffen. Aber nur das, was davon sich letztlich auch in politisch akzeptierten Umweltzielen und im geltenden Umweltrecht niederschlägt, kann wirklich wirksam werden. Nur wenn eine Mobilisierung des öffentlichen Umweltbewusstseins und damit eine Sensibilisierung für die ethische Relevanz von Tieren, Pflanzen oder gar ganzer Ökosystemen gelingt, die sich auch in den Normdefinitionen der Umweltpolitik und in den Maßnahmenkatalogen öffentlicher Umweltschutzprogramme wiederfindet, nur dann kann Umweltethik auch eine praktische Bedeutung erlangen.

Umweltpolitische Erfolge, die zumindest auch von umweltethischen Überlegungen beeinflusst worden sind, haben sich bisher vor allem dort ergeben, wo die Probleme gut wahrnehmbar und definierbar sind bzw. eine breite Betroffenheit auslösen (insbesondere im Hinblick auf die Gesundheit des Menschen). Die Luftreinhaltung und der Gewässerschutz sind hier innerhalb der Staaten der EU und OECD die wichtigsten Felder, auf denen sich solche Erfolge eingestellt haben. Dagegen sind Probleme, die sich als „schleichende Verschlechterung" der Umwelt ergeben, bisher kaum gelöst worden: dies betrifft vor allem den Flächenverbrauch, den Verlust an Artenvielfalt sowie Belastungen von Böden und Grundwasser mit Schadstoffen. Hier werden in den Ländern der EU in der Zukunft wachsende Anstrengungen und erhöhte Handlungskapazitäten erforderlich sein.

Literatur

Daly, H. E. (1973): *Towards a Steady State Economy*. San Francisco: Freeman.

Daly, H. E. (1991): *Steady-State Economics* (2. Aufl.). Washington, D.C.: Island Press.

Dyllick, T. / Hockerts, K. (2002): Beyond the business case for corporate sustainability. In: *Business Strategy and the Environment*, 11 (2), S. 130-141.

Hasna, A. M. (2007): „Dimensions of sustainability". In: *Journal of Engineering for Sustainable Development: Energy, Environment, and Health* 2 (1), S. 47–57.

Henk van den Belt (2003): *Plant Physiology*, 132, S. 1122–1126.

Knopp, Lothar (2008): *International and European Environmental Law with reference to German Environmental Law*. Berlin: Lexxion Verlagsgesellschaft.

Meadows, D. / Meadows, D. L. / Randers, J. / Behrens, W. (1971): *The Limits to Growth*. New York: Universe Books [diverse deutsche Ausgaben erhältlich].

Raffensperger, C. / Tickner, J. (Hgg.) (1999): *Protecting Public Health and the Environment: Implementing the Precautionary Principle*. Island Press, Washington, DC.

Recuerda, Miguel A. (2006): Risk and Reason in the European Union Law. In: *European Food and Feed Law Review*, S. 5.

Simonis, Udo E. (Hg.) (2003): *ÖkoLexikon*. München.

Smith, Charles / Rees, Gareth (1998): *Economic Development, 2nd edition*. Basingstoke: Macmillan.

Stivers, R. (1976): *The Sustainable Society: Ethics and Economic Growth*. Philadelphia: Westminster Press.

UCN (2006): *The Future* of Sustainability: *Re-thinking Environment and Development in the Twenty-first Century*. Report of the IUCN Renowned Thinkers Meeting, 29-31 Januar.

United Nations (1987): *Report of the World Commission on Enivironment and Development*. General Assembly Resolution 42/187, 11 Dezember 1987. Retrieved: 2007-04-12.

6. Maßnahmen des technischen Umweltschutzes
Florin Andrei Danet & Victor David

Zentrales Ziel dieses Kapitels

Die/der Studierende sollte verstehen lernen,
- wie die Umweltwissenschaften, zum Beispiel die Ökologie, zur Umweltethik beitragen können und
- wie man ein wirksames Umweltmanagement in der Praxis realisieren kann.

6.1 Lektion 1: Umweltwissenschaften und Umweltethik
(Florin Andrei Danet)

Ziele dieses Abschnitts

Sobald die/der Lernende diese Lektion abgeschlossen hat, wird sie/er in der Lage sein,
(1) die unterschiedlichen ethischen Positionen zu erläutern (und wie diese zur Lösung von Umweltproblemen beitragen können),
(2) die Begriffe „ökologische Integrität", „Gleichgewicht der Natur", „Diversitätsstabilität" und „ökologische Einheiten" zu verstehen und ihre Bedeutung für die Umweltethik einzuschätzen,
(3) darzulegen, welche Bedeutung die Erkenntnisse der ökologischen Wissenschaften für die Umweltethik besitzen (können).

Viele erkenntnistheoretische Kontroversen entspringen unterschiedlichen ethischen Positionen zur Frage, wie wissenschaftlich und technisch zur Lösung von Umweltproblemen beigetragen werden kann. Umweltethiker können etwa wissenschaftliche Techniken wie die Kosten-Nutzen-Analyse oder die quantitative Risikoanalyse unterstützen oder kritisieren.

(1) Meinungsverschiedenheiten der Umwelt-Ethiker über Wirtschafts-Methoden
Der neoklassische ökonomische Wertbegriff wurde vor allem mit der Begründung kritisiert, dass die meisten Werte, vor allem ökologische Werte, für eine wirtschaftliche oder quantitative Messung nicht zugänglich sind. Es wurde argumentiert, dass diese Werte in angemessener Weise nur innerhalb eines mehr deontologischen oder politisch richtigen Rahmens präsentiert werden könnten anstatt in einem ökonomischen. Die Kosten-Nutzen-Analyse wurde mit der Begründung kritisiert, dass sie in sachlich unangemessenen utilitaristischen Vorannahmen gründe und daher mit Fehlern behaftet sei.

Auf der anderen Seite wurde darauf hingewiesen, dass es ethisch besser sei zu versuchen, ökologische Werte durch quantitative Wertbeziehungen (Kosten-Nutzen-Analyse) zu repräsentieren, als darauf zu verzichten, diese überhaupt zu quantifizieren. Es wurde dann zwar eingeräumt, dass die Kosten-Nutzen-Analyse viele Probleme mit sich bringe, aber dass sie gleichwohl ein erstrebenswertes Instrumnet für die Erreichung von technisch basierten Problemlösungen sei.

(2) Meinungsverschiedenheiten der Umwelt-Ethiker über ökologische Methoden
Zusätzlich zu ihren Meinungsverschiedenheiten darüber, ob ökonomische Methoden zuverlässig ökologische Werte darstellen und bei der Gestaltung der Umweltpolitik helfen können, sind sich Umweltethiker auch über das Ausmaß uneinig, in dem die ökologische Wissenschaft eine brauchbare Grundlage für Umweltethik bieten könne. Auf der einen Seite wurde behauptet, dass die ökologischen Wissenschaften der Umweltethik nur sehr wenig zu helfen vermögen, auf der anderen Seite wurde ihnen eine solche Unterstützung bei der Behandlung etghischer Fragen durchaus zugestanden.

Oft wird geltend gemacht, dass die wissenschaftliche Ökologie eine „schwache Wissenschaft" sei, die erst noch gestärkt werden müsse im Hinblick auf ihre Vorhersagekraft; und es wurde eingewandt, dass, eben weil die Ökologie sehr nur über wenig Aussagekraft verfüge, sie als Wissenschaft nur wenig zu den Fragen der Umweltethik beitragen könne. Die andere extreme Position innerhalb dieses Meinungsspektrums hinsichtlich der Möglichkeiten der Ökologie, ein Fundament für die Umweltethik zu liefern, vertritt die Ansicht, dass die ökologische Wissenschaft sehr wohl eine angemessene Basis für die Umweltethik sei und darüber Auskunft geben könne, mit welchen Maßnaghmen ein wünschenswerter Zustand der Umwelt zu erreichen bzw. zu garantieren sei. Dafür wurde der Begriff der „Integrität" eingeführt, der zentral für einige dieser Theorieansätze ist. Die „ökologische Integrität" kann dabei auf vielfältige Weise definiert werden: Sie kann sich auf eine offene System-Thermodynamik beziehen, auf Netzwerke, auf trophische Systeme, auf hierarchische Organisationen etc. Wie auch immer, eine klare, operationale wissenschaftliche Theorie kann nicht in einer Vielzahl von Möglichkeiten ausgedrückt werden, von denen einige miteinander unvereinbar sind, wenn man eine Theorie erwartet, die in Bezug auf die Umweltethik nützlich ist und die einen wirkungsvollen Beitrag zur Lösung umweltpolitischer Kontroversen leisten kann.

Die Angemessenheit der Integritätstheorie ist fraglich, weil viele Ökologen Integrität mit Hilfe des *Index der biotischen Integrität* (IBI) messen. Denn der IBI ist konzeptionell undurchsichtig insofern, als er nicht in einem theoretischen Sinne verständlich ist. Es wird nur eine Zahl auf einer Skala angegeben, die von den Ökologen ausgewählt und dann als gut oder schlecht nach praktischen Erwägungen interpretiert wird. Es ist schwer zu sagen, wie die Theorie so eine Grundlage für die Umweltethik mit ihren so ganz anders gearteten Fragestellungen bieten kann.

(3) Auseinandersetzungen über das „Gleichgewicht der Natur"
Wenn einige Umweltethiker davon ausgehen, dass die Bewahrung des „Gleichgewichts der Natur" ein zentrales Ziel darstellt, die Ökologen aber keine klare Definition dieses Begriffs zu bieten haben, dann stehen Ethiker vor schwierigen erkenntnistheoretischen Problemen bei dem Versuch,

ihre Vorstellungen und Forderungen im Boden wissenschaftlicher Erkenntnisse zu verwurzeln.

Das größte Problem mit einem oft von ethischer Seite zu hörenden Appell an Gleichgewicht und Stabilität ist, dass es keine präzise und bestätigte Aussage gibt, in welchem Sinne man behaupten kann, dass sich natürliche Ökosysteme in Richtung Homöostase oder zu einem gewissen Fließgleichgewicht hin bewegen können. In dem speziellen Fall des ökosystemischen Blicks auf das Gleichgewicht der Natur gibt es keinen Konsens unter den Ökologen. Zum Beispiel gibt es keine allgemein akzeptierte Ansicht zur Diversitäts-Stabilität. „Diversität" kann nämlich so definiert werden, dass sie an fast jede Schlussfolgerung angepasst werden kann. Doch zahlreiche Umweltethiker fahren weiterhin darin fort, die Diversitäts-Stabilitäts-Hypothese (die berühmteste Version vom Gleichgewicht der Natur also) als wissenschaftliche Unterstützung so mancher ihrer Grundsätze zur ökologischen Ethik heranzuziehen. Die meisten Ökologen sagen aber, dass der Begriff der Diversitäts-Stabilität zumindest nicht zum gegenwärtigen Zeitpunkt eindeutig definiert werden kann.

Ein Gleichgewicht (in) der Natur zu definieren ist methodisch überaus schwierig, weil es unmöglich ist, für alle Fälle festzustellen, wie es möglich sein sollte, das Gleichgewicht der Natur zu stören bzw. zu erhalten. Alle Ökosysteme ändern sich regelmäßig, was z. B. auch die regelmäßige Auslöschung von Arten einschließt. Wie würde man eine Ethik anwenden können, die auf einem gewissen Gleichgewicht der Natur besteht, um argumentieren zu können, dass die Menschen nicht auf die Ökosysteme einwirken oder gar ganze Arten auslöschen sollten, wenn die Natur dies selbst (durch Naturkatastrophen wie Vulkanausbrüche und Klimaänderungen) immer wieder tut? Die Natur hat im Laufe der Zeit nicht nur viele Arten ausgerottet, sondern veranlasst auch immer wieder Populationen dazu, sich woanders anzusiedeln, weil ihre angestammtgen Nischen nicht mehr für sie bewohnbar sind. Man kann offensichtlich nicht die Wissenschaft für die Behauptung benutzen, dass es aus ökologischen Gründen für den Menschen ethisch falsch sei, das zu tun, was die Natur selbst immer wieder tut – nämlich Arten auszurotten. Allenfalls auf der Grundlage der empiriefernen Annahmen einer ökozentrischen oder biozentrischen Ethik ist es möglich, gegen ein Verhalten des Menschen zu argumentieren, welches das Artensterben begünstigt.

Wenn es jedoch keine empirisch belastbaren und universellen Theorien zum ökologischen Gleichgewicht gibt, dann ist auch nicht klar, wie eine ökologische Theorie eine rein ökozentrische oder biozentrische Umweltethik unterstützen kann. Dies bedeutet, dass das Artensterben für diejenigen, die sich auf den Begriff des Gleichgewichts berufen, kein Kriterium für die Unterscheidung sein kann, dass das, was auf natürliche Art passiert, gut ist, während das, was durch menschliche Eingriffe geschieht, zu verurteilen ist.

(4) Streitigkeiten um ökologische Ganzheiten
Auch die begriffliche Fassung des „Ganzen", dessen Wohl durch die Umweltethik maximiert werden soll, ist schwierig. Es gibt Gemeinschaften, Arten, Ökosysteme, Biotope und so weiter – alle auf verschiedenen Ebenen der Skala des Lebens – und es ist nicht klar, welche Stufe derr Skala, wenn überhaupt, eher „das Ganze" repräsentiert.

Kein Ökosystem (bestehend aus Individuen, Arten und Beziehungen) wird durch die Zeit unverändert andauern, auch wenn menschliche Eingriffe keine Rolle spielen. Daher ist es unklar, was die Vorstellung von der dynamischen Stabilität eines Ökosystems als Ganzem eigentlich bedeuten soll. Auch jede Auswahl eines bestimmten Ökosystems als diejenige Einheit, die bewahrt oder optimiert werden soll, ist schwierig und bestreitbar. Sobald man auf eine individualistische Ethik (zum Schutze einzelner Organismen) aus wissenschaftlichen Gründen verzichtet: Wie kann man dann zwischen den zahlreichen alternativen nicht-individuellen Einheiten wählen, deren Wohlergehen erhalten oder maximiert werden soll?

Ökologen können nicht das Wohlergehen aller Arten für alle Ganzheiten gleichzeitig verbessern oder optimieren, weil jede davon einen unterschiedlichen räumlichen und zeitlichen Maßstab aufweist. Und weil sie das nicht können, gibt es keine eindeutige Ebene, auf der die Umweltethik ihren Ort finden könnte, und keinen allgemeinen Maßstab, innerhalb dessen sich ein stabiles Ganzes zeigen ließe (jede Population und jedes Ökosystem folgt seiner eigenen Zeit).

Ein weiteres Problem mit ganzheitlichen Vorstellungen in der Umweltethik besteht darin, dass es wissenschaftlich falsch ist zu vermuten, dass Ökosysteme eher angepasst werden sollten als die Arten oder Populationen, die in ihnen leben. Obwohl sich verschiedene Spezies in einer Weise entwickeln können, dass ein bestimmtes Ökosystem davon profitiert, gibt es keine Selektion auf der Ebene des Ökosystems. „Anpassung" ist auf vererbbare Merkmale beschränkt. Kein vorgegebenes Wissen über die Vergangenheit operiert mit einer natürlichen Selektion, und das Individuum, das besser an das gegenwärtige Umfeld adaptiert ist, ist dasjenige, das mehr Nachkommen erzeugt und somit seine Eigenschaften an diese weitergibt. Obwohl es möglich ist zu behaupten, dass die Anpassung das individuelle Überleben verbessert, ist es nicht klar, was die Überlebensfähigkeit einer Gemeinschaft oder eines Ökosystems als Ganzes steigert. Man könnte durchaus den Schluss ziehen, dass insbesondere der umweltethische Holismus, der der Natur insgesamt einen intrinsischen Wert zuspricht, von willkürlichen und ungenauen Vorstellungen ausgeht, die den Fortschritt in der umweltethischen Diskussion blockieren könnten.

(5) Ein Mittelweg für Umweltethiker
Man könnte sagen, dass ein beträchtlicher Teil der Ökologen unsicher darüber ist, ob derjenige, der Umweltethik studiert, zumindest ein Verfahren benötigt, um ethisch verantwortliche Entscheidungen unter der Bedingung wissenschaftlicher Unsicherheit zu treffen, und zudem ein Verfahren für den Gebrauch von Ökologie im praktischen Sinne, um die Überlegungen der Umweltethiker realistisch zu steuern.

Ein Verfahren für den Umgang mit ökologischer Unsicherheit (bezogen auf unsichere Prognosen über die Entwicklung eines Ökosystems, einer Spezies usw.) besteht darin, eher statistische Fehler vom Typ II (falsch negativ) als vom Typ I (falsch positiv) zu minimieren, sofern beide nicht vermieden werden können. Im Gegensatz zu aktuellen wissenschaftlichen Normen erlegt diese Methode die Beweislast nicht jedem auf, der schädliche Umwelteinwirkungen verursacht, sondern nur demjenigen, der damit argumentiert, dass keine schädigende Wirkung von einer bestimmten umweltbezogenen Handlung ausgeht. Weil ökologisch bezogene Entscheidungen das Gemeinwohl betreffen und weil die Ethik zumindest verlangt, dass man keinen Schaden anrichtet, ist es ratsam, bei einem Umweltstreit über das richtige Vorgehen oder angesichts einer Unsicherheit über die Auswirkungen einer Handlung – vorausgesetzt, sie führt möglicherweise zu katastrophalen Folgen, und ferner vorausgesetzt, sie ist nur eine von mehreren Möglichkeiten, um bestimmte Leistungen zu erhalten – zumindest mögliche „Falsch negativ"-Irrtümer zu reduzieren oder zu minimieren (insofern nicht sogar beide Fehlertypen, „falsch negativ" und „falsch positiv", vermieden werden können).

Um mit wissenschaftlicher Prognoseunsicherheit im Hinblick auf die Interessen der Umweltethik besser umgehen zu können, ist es vorteilhaft, fallspezifisches empirisches Wissen zu nutzen anstelle einer unsicheren allgemeinen ökologischen Theorie oder eines spekulativen Modells (dies ist jedenfalls eine Empfehlung des US National Academy of Sciences Kommittees). Die größten Vorhersageerfolge der Ökologie treten in den Fällen ein, die nur ein oder zwei Arten einschließen, was daran liegen mag, dass die meisten ökologischen Verallgemeinerungen für relativ einfache Systeme entwickelt worden sind. Deshalb kann zum Beispiel die ökologische Bewirtschaftung der Wild- und Fischbestände durch Jagd- und Fischereiverordnungen oft erfolgreich solche Modellrechnungen nutzen. Die Ökologie könnte daher am hilfreichsten zu Fragen der Ethik beitragen, wenn sie nicht versuchen würde, komplexe Interaktionen zwischen verschiedenen Arten vorherzusagen, sondern stattdessen versucht vorherzusagen, was nur für ein oder zwei Spezies in einem konkreten Fall geschieht. Vorhersagen für ein oder zwei Arten sind oft erfolgreich, weil es verschiedene theoretische Modelle für Anwendungen auf niedrigerer ökologischer Organisationsebene gibt, die recht verlässliche Prognosen liefern.

> **Kontrollfragen I**
> - Was sind die wichtigsten ethisch relevanten Ansätze für die Bewertung von Umweltproblemen?
> - Welche Vorgehensweise kennst du für den Umgang mit ökologischer Vorhersageunsicherheit, wenn die Ökologie im praktischen Sinne eingesetzt wird, um die Umweltethik in realistische Bahnen zu lenken?
> - Wann verspricht Ökologie größere prognostische Erfolge? Wenn sie sich in ihren Analysen nur auf ein oder zwei Arten bezieht oder ein ganzes komplexes Ökosystem ins Auge fasst?

6.2 Lektion 2: Die Rolle der „Guten Labor-Praxis" (GLP): Technische Instrumente, Richtlinien und Standards

(*Victor David*)

> **Ziele dieses Anschnitts**
>
> In diesem Unterkapitel soll die/der Studierende
> - eine kurze Einführung in den analytischen Bereich, die Stadien eines analytischen Prozesses und seine Rolle im Entscheidungsprozess erhalten,
> - etwas über die Komplexität der Analyse in der Umweltüberwachung erfahren und
> - Beispiele für Richtlinien im Zusammenhang mit der „Good Laboratory Practise" (GLP) und deren Umsetzung kennenlernen.

6.2.1 Bedeutung der Analyse

Hinsichtlich aller Arten von analytischen Messungen (insbesondere chemischer Analysen) in allen Zweigen der Naturwissenschaft sowie der verschiedenen Kontexte ihrer Anwendung (etwa in der Umweltüberwachung oder in der Kontrolle von Kontaminanten in der Pharmaindustrie, in der klinischen Analyse, in forensischen Anwendungen oder sogar in der Materialprüfung) wird allgmein davon ausgegangen, dass sie auch Entscheidungen im Hinblick auf wichtige Lebensfragen betreffen. In Akzeptanz ihrer eigenen Verantwortung setzen Analytiker und Wissenschaftler traditionell diese Laborpraktiken zur Sicherung der Qualität ihrer Daten ein. Doch bis vor kurzem wurden diese Praktiken nicht einheitlich angewandt oder überprüft. Angesichts einiger berüchtigter historischer Beispiele (wenn falsche Daten zu tragischen technischen Unfällen geführt haben), haben nationale und internationale Organisationen Leitlinien für verschiedene Branchen entwickelt (zum Beispiel für die Lebensmittelindustrie, Landwirtschaft, Pharmazie, klinische Anwendungen und auch für Interventionen in die Umwelt), die in die allgemeine Kategorie der „Good Laboratory Practise" (GLP) fallen.

6.2.2 GLP und der analytische Prozess

Der technisch-analytische Prozess ist Teil eines allgemeinen Entscheidungsprozesses, der dazu bestimmt ist, chemische oder analytische Daten zu produzieren, die für die richtigen Entscheidungen bezüglich des untersuchten Systems gebraucht werden. Analytische Daten können in die zwei allgemeinen Kategorien der qualitativen und quantitativen Ergebnisse unterteilt werden. Die chemische Identifizierung einer oder mehrerer Arten in Proben repräsentiert qualitative Ergebnisse, während die Bestimmung ihres Konzentrationsniveaus durch bestimmte analytische Techniken zu quantitativen Daten führt. In der Regel können die Konzentrationsniveaus von Schadstoffen in Luft, Wasser, Boden oder Lebensmittel bei parts-per-Million (ppm), parts-per-Miliarde (ppb), parts-per-Trillion (ppt) oder unterhalb dieses Niveaus liegen.

Die analytischen Verfahren zur Bestimmung von Verunreinigungen oder Schadstoffen in Umweltproben sind sehr komplex und basieren auf modernen und teuren Instrumenten. Zum Beispiel durchläuft ein analytischer Prozess mehrere Schritte: Er beginnt mit der Kenntnis der zu untersuchenden Probe und wird beendet, wenn die benötigte Information in jeder Entscheidung im Hinblick auf das ursprüngliche Problem verwendet wird sowie für die Optimierung von einem oder mehreren Schritten des Prozesses. Häufig wird dem analytischen Prozess eine mehr oder weniger komplexe Probenvorbereitung vorausgehen, so wie sie in vielen Fachbüchern beschrieben wird. Ein derartiger analytischer Prozess wird in Abb.1 in allgemeiner Form wiedergegeben. Analyselabors müssen dabei den allgemeinen GLP-Anforderungen Folge leisten.

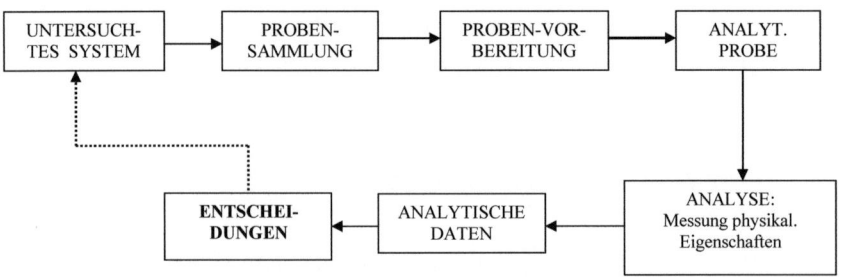

Abb. 1: Darstellung eines analytischem Messprozesses

6.2.3 Gesetzgebung

Um seitens der Labore umweltrelevante Entscheidungen für den erforderlichen Analyseprozess treffen zu können, muss es eine Gesetzgebung geben, die den Rahmen setzt. Zum Beispiel haben in den USA Bundesstellen wie FDA und US-EPA-Dokumente angefertigt, die die betrieblichen Anforderungen für Labors definieren. Diese müssen erfüllt sein, damit die technischen Daten aus Laboruntersuchungen für alle gesetzlichen oder vertraglichen Zwecke auf seiten der Agenturen akzeptabel sein können. Deshalb müssen alle Labors, die Geschäfte mit oder für diese

Agenturen machen, die angegebenen GLP einhalten. Die GLP für jeden professionellen Wissenschaftler in allen wissenschaftlichen Forschungsaktivitäten unerlässlich.

Seit 1987 hat der Europäische Rat zwei grundlegende Richtlinien über die Anwendung der GLP-Grundsätze angenommen. Die Richtlinie 2004/10/EG hat dabei die Richtlinie 87/017/EEC vom 11. März 2004 und die Richtlinie 2004/9/EG die Richtlinie 88/320/EWG vom 11. März 2004 ersetzt:

- Richtlinie 2004/10/EG des Europäischen Parlaments und des Europäischen Rates vom 11. Februar 2004 zur Harmonisierung der Rechts- und Verwaltungsvorschriften für die Anwendung der Grundsätze der Guten Laborpraxis und zur Kontrolle ihrer Anwendung bei Versuchen mit chemischen Substanzen. Diese Richtlinie regelt die Verpflichtung der Mitgliedstaaten, die zuständigen Behörden für GLP-Inspektionen in ihrem Hoheitsgebiet zu benennen. Er umfasst auch die Berichterstattung und den Binnenmarkt (d. h. die gegenseitige Anerkennung von Daten-Anforderungen);
- Richtlinie 2004/9/EG des Europäischen Parlaments und des Europäischen Rates vom 11. Februar 2004 über die Inspektion und Überprüfung der Guten Laborpraxis (GLP); diese Richtlinie schreibt vor, dass die OECD Leitlinien für die ordnungsgemäßen Verfahren zur Kontrolle der GLP und die OECD Leitlinie für die Durchführung von Inspektionen von Prüfeinrichtungen und Überprüfungen der Untersuchungen während der Inspektionen und Audits befolgt werden müssen.
- 89/569/EWG Beschluss des Europäischen Rates vom 28. Juli 1989 über die Zulassung durch die Europäische Wirtschaftsgemeinschaft einer OECD-Entscheidung / Empfehlung zur Einhaltung der Grundsätze der Guten Laborpraxis.

Es gibt auch produktorientierte Richtlinien, bezogen auf GLP-Verpflichtungen:

- Chemische Stoffe: die Verordnung (EG) Nr. 1907/2006 (auch als Verordnung zur Evaluation, Autorisierung and Einschränkung Chemischer Stoffe bekannt) von 18. Dezember 2006 und die Richtlinie 2006/121/EG vom 18. Dezember 2006;

- Arzneimittel: die Richtlinie 2001/83/EG zur Schaffung eines Gemeinschaftskodex für die Verwendung von Humanarzneimitteln vom 6. November 2001; geänderte Fassung durch die Richtlinie 2003/63/EG;
- Tierarzneimittel: Richtlinie 2001/82/EG des Europäischen Parlaments und des Europäischen Rates vom 6. November 2001 über die Schaffung eines Gemeinschaftskodexes für Tierarzneimittel;
- Kosmetik: Richtlinie des Europäischen Rates 93/35/EWG zur Änderung der 6. Richtlinie 76/768/EWG;
- Futtermittel: Verordnung (EG) Nr. 1831/2003 des Europäischen Parlaments und des Europäischen Rates vom 22. September 2003 über Zusatzstoffe zur Verwendung in der Tierernährung;
- Lebensmittel: die Richtlinie 89/107/EWG;
- Neuartige Lebensmittel und neuartige Lebensmittelzutaten: Verordnung (EG) Nr. 258/97 des Europäischen Parlaments und des Europäischen Rates vom 27. Januar 1997 über neuartige Lebensmittel und neuartige Lebensmittelzutaten;
- Pestizide: Richtlinie 91/414/EWG des Europäischen Rates vom 15. Juli 1991 über das Inverkehrbringen von Pflanzenschutzmitteln auf den Markt;
- Biozide: Richtlinie 98/8/EG des Europäischen Parlaments und des Europäischen Rates vom 16. Februar 1998 über das Inverkehrbringen von Biozid-Produkten auf den Markt;
- Waschmittel: Richtlinie 98/8/EG der Verordnung (EG) Nr. 648/2004 des Europäischen Parlaments und des Europäischen Rates vom 31. März 2004 über Waschmittel;
- EG-Umweltzeichen: Entscheidung der Kommission 2005/344/EG vom 23. März 2005; Festlegung der Umweltkriterien für die Vergabe des EG-Umweltzeichens an Allzweckreiniger und Reinigungsmittel für sanitäre Einrichtungen.

Zur gleichen Zeit hat die EU so genannte „Gegenseitige Anerkennungs-Abkommen" im Bereich der GLP mit Israel, Japan und der Schweiz geschlossen. Durch den Vertrag über den Europäischen Wirtschaftsraum vom 13. September 1993 gelten die europäischen Verordnungen und Richtlinien auch für Island, Liechtenstein und Norwegen. Die Europäische Agentur für Sicherheit und Gesundheitsschutz am Arbeitsplatz überwacht, sammelt und analysiert wissenschaftliche Erkenntnisse, statistische Informationen und Präventivmaßnahmen, die in ganz Europa angewandt werden.

> **Kontrollfragen II**
> - Wie hoch können Konzentrationen von Schadstoffen in Luft, Wasser, Boden, oder Lebensmittel werden (Maßeinheiten)?
> - Nenne ein Beispiel für die grundlegenden Richtlinien und Entscheidungen über die Anwendung der GLP-Grundsätze!
> - Kann ein Analytiker wichtige Entscheidungen treffen, um die tief greifenden Folgen der Verschmutzung zu vermeiden?

6.3 Lektion 3: Die Anwendung der GLP (*Victor David*)

> **Ziele dieses Abschnitts**
> In diesem Unterkapitel soll die/der Studierende
> - eine kurze Zusammenfassung der GLP-Elemente erhalten;
> - etwas über die Rolle anderer Zweige der Naturwissenschaften (wie die Statistik) bei der Umsetzung der GLP in verschiedenen Labors erfahren;
> - die Bedeutung der Validierung bei der Umsetzung der GLP verstehen lernen.

Das Implementieren von GLP in ein automatisiertes System ist immer sowohl eine geistig als auch zeitlich aufwändige Angelegenheit. Zur Erleichterung haben Webster et al. (2005) ein empfehlenswertes Tutorial dem Benutzer zur Verfügung gestellt, damit dieser seinen Job ordnungsgemäß ausüben kann. Die GLP wird aber auch in einer großen Anzahl von anderen nützlichen Arbeiten beschrieben (z. B. Weinberg 2003).

Im Folgenden wird eine kurze Zusammenfassung der GLP-Elemente gegeben. Die Hauptrolle spielt hierbei das jeweils aktuelle Konzept der „Qualitätssicherung", das die Zuverlässigkeit der analytischen Daten und ihrer Erhebung im Labor sichern soll.

(1) Qualitätssicherung

Laut Wikipedia[32] bezieht sich Qualitätssicherung, (abgekürzt durch QS), „auf geplante und systematische Produktionsprozesse, die Vertrauen in die Eignung eines Produkts für den vorgesehenen Zweck" bieten. Sie basiert auf einer Reihe von Aktivitäten, die sicherstellen sollen, dass Produkte (Waren und/oder Dienstleistungen) die Anforderungen der Kunden in einer systematischen, zuverlässigen Art und Weise befriedigen. Ihre Bedeutung wird dadurch unterstrichen, dass sich eine Reihe von Zeitschriften speziell diesem Thema widmet.[33]

Die Hauptprodukte in jedem Labor, das chemische Analysen durchführt, sind die Analysedaten (qualitative und/oder quantitative), niedergelegt für Muster und Proben. Die Qualitätssicherung (QS) umfasst hierbei alle Tätigkeiten im Zusammenhang mit der Datengewinnung, womit sichergestellt wird, dass die chemischen und physikalischen Messungen korrekt durchgefürt, richtig interpretiert und mit geeigneten Abschätzungen von Fehlern und Verlässlichkeitsniveau erhoben werden. Zu den QS-Aktivitäten zählen auch die Aufbewahrung der entsprechenden Aufzeichnungen zur Probe und zum Probenursprung, ihrer „Geschichte" (Probe-Tracking) sowie zu den Verfahren, Rohdaten und den Messergebnissen, die mit jedem Muster bzw. jeder Probe einher gehen (Seiler 2005). Die wesentlichen Bestandteile der Qualitätssicherung sind in dem folgenden Schema zusammengefasst:

---

[32] Siehe: http://en.wikipedia.org/wiki/Quality_assurance
[33] Zum Beispiel das Journal: *Akkreditierung und Qualitätssicherung: Zeitschrift für Qualität, Vergleichbarkeit und Zuverlässigkeit in der Chemie-Messung.*

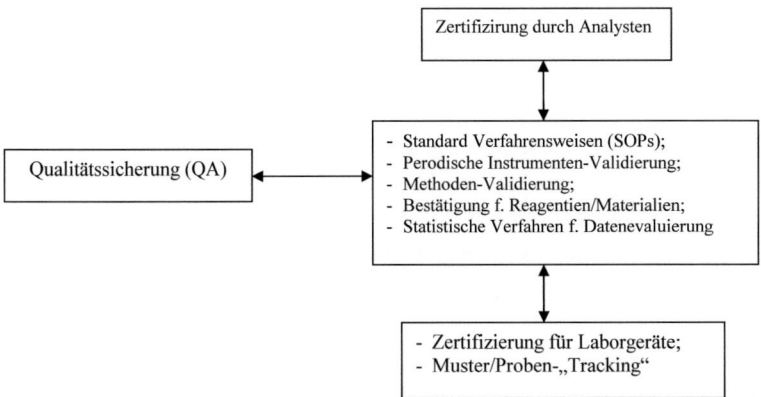

Abb. 2: Die wichtigsten Elemente einer Qualitätssicherung

(2) Statistische Verfahren und Entwicklung

(a) *Vertrauensabstände in berichteten Daten.* Es ist bekannt, dass analytische Untersuchungen in der Regel mit Fehlern behaftet sind. Generell sind alle Messungen mit Fehlern behaftet. Die Messfehler haben Einfluss auf die Zuverlässigkeit der Messdaten und können in systematische oder zufällige Fehler aufgeteilt werden. In der Praxis ergeben sich hieraus gravierende Probleme, weil nicht umstandslos irgendein statistisches Verfahren aus einem bestimmten Lehrbuch gewählt werden kann. Die Literatur zu diesem schwierigen Thema ist überwältigend und die Analytiker müssen in den unterschiedlichen Konzepten der mathematischen Statistik gut auskennen. Allerdings sind viele verfahrenstechnische Einzelheiten optional und willkürlich. Der Grad der Zuverlässigkeit von analytischen Daten kann 90% sein, 95% oder sogar 99%. Andere Begriffe, die im Zusammenhang mit diesem Thema häufig auftreten, sind etwa: „Intra-Tag- und Inter-Tag-Präzision", Genauigkeit, Nachweis und Bestimmungsgrenzen (LOD und BG), Zuverlässigkeitsintervalle (mittlerer Wert +/- z-σ, wobei σ die Standardabweichung ist), analytische Maßeinheiten oder andere Termini. Regulierungsbehörden spezifizieren oft die akzeptablen statistischen Verfahren für einen bestimmten Bereich (z. B. Ellison et al. 2005).

(b) *Probe und Probenerhebung*. Die Menge der gesammelten Proben ist ein Parameter, der unter dem Gesichtspunkt optimiert werden kann, wie man Daten aus analytischen Prozessen gewinnen kann. Er kann Einfluss auf die analytische Nachweisgrenze und die Zeit haben, die Probeanalyseverfahren zugeteilt werden.

(c) *Gerätevalidierung* ist ein Prozess, der in jedem analytischen Labor antreffbar ist. Dieser Prozess muss in regelmäßigen Abständen nach einem bestimmten Analyseverfahren durchgeführt werden. Wenn diese Verfahren in regelmäßigen Abständen ausgeführt werden, führt dies dazu, dass ein kontinuierlich akzeptabler Betrieb von Laborgeräten innerhalb der vorgeschriebenen Spezifikationen etabliert wird. Zeitbezogene grafische Aufzeichnungen zu den Ergebnissen der Validierung bestimmter Instrumente werden „Regelkarten" genannt; sie geben die so genannte „Zeittendenz der analytischen Ergebnisse" an. Mit Hilfe von Regelkarten können die wichtigsten zwei statistischen Parameter direkt beobachtet werden (Genauigkeit, die die Datenabweichung von ihren realen Werten gibt, und die Präzision, die den Trend der analytischen Ergebnisse liefert).

(d) *Methodenvalidierung*. Die Validierung eines analytischen Verfahrens sollte einen dokumentierten Nachweis seiner Eignung für den vorgesehenen Zweck liefern. Jeder experimentelle Parameter beeinflusst das Informationsergebnis des analytischen Prozesses in Entsprechung zu einem allgemeinen Verhältnis. Die Abweichung eines Zustandsparameters im Rahmen seines normalen Abstands der Variation sollte nicht die Variation des Informationsergebnisses außerhalb seines normalen Intervalls der Variation bestimmen.

(e) Die *Zertifizierung von Reagenzien/Materialien* ist ein notwendiger Teil der Qualitätssicherung. Alle GLP-Richtlinien betonen, dass die Zertifizierung anerkannten Verfahren folgen sollte und dass sie angemessen dokumentiert werden muss. Darüber hinaus legen einige Richtlinien fest, dass jeder Empfänger/Verwahrer von Laborreagenzien/Materialien diese mit Informationen hinsichtlich Zertifizierungswerte, Datum, Hersteller und Ablaufzeit zu kennzeichnen hat, um sicherzustellen, dass alle verwendeten Reagenzien nur so gebraucht werden, wie dies für sie in den SOPs („standard operation procedures") festgelegt ist.

(f) Die *Zertifizierung der Analysten* (Laborangestellten) ist ein notwendiger Bestandteil der Qualitätssicherung. Ein akzeptabler Nachweis über die ordnungsgemäße Ausbildung und/oder Kompetenz im Umgang mit spezifischen Labormethoden muss für jeden Analytiker erbracht werden können. Allerdings verfügt zum Beispiel die American Chemical Society derzeit nicht über eine Strategie hinsichtlich dieser Art von Nachweisverfahren, so dass die Anforderungen für die Zertifizierung sich von Labor zu Labor unterscheiden können.

(g) Die *Zertifizierung der Laborausstattungen* kann in der Regel durch externe Agenturen (Zertifizierungsstellen) bewerkstelligt werden. Zum Beispiel könnte ein analytisches Labor von Vertretern der akkreditierten Agenturen gemäß Vertrag geprüft werden. Ein unabhängiges Labor könnte eine Dokumentation einer verantwortlichen staatlichen oder bundesstaatlichen Agentur vorlegen. Die Auswertung der Dokumente kann Themen betreffen wie Raum (Menge, Qualität und Relevanz), Lüftung, Ausrüstung, Lagerung oder Hygiene.

(h) Das *Muster/Proben-Tracking* ist ein weiterer wichtiger Aspekt der Qualitätssicherung, die mit dem Aufkommen des Computer-basierten Laboratory Information Management Systems (LIMS) große Aufmerksamkeit gefunden hat. Gleichgültig, ob von Hand mit Papierdateien oder per

Computer mit modernen Barcode-Techniken durchgeführt, das Proben-Tracking ist ein essenzieller Bestandteil jeder Qualitätssicherung. Die Begriffe „Muster" und „Probe" werden häufig synonym verwendet. Allerdings bezieht sich Muster gewöhnlich auf ein Element, das chemisch charakterisiert werden soll, während Probe sich in der Regel auf einen endlichen Teil der Probe bezieht, die zur Analyse zu entnehmen ist. Die Probe kann homogen sein (z. B. eine stabile Lösung) mit einer konstanten Zusammensetzung in der Gesamtmenge, oder heterogen (z. B. Steine, Metall-Legierungen, Bodenproben, Textilien, Lebensmittel, Polymerkomposite, Pharmazeutika). Die Verfahren zur Sicherung des adäquaten Proben-Tracking können zwischen den Laboratorien variieren.

(i) *Dokumentation und Pflege der Aufzeichnungen.* Ein zentraler Punkt der GLP-Richtlinien betrifft die Pflege der Aufzeichnungen: Angaben zur Muster-/ Probenherkunft, zu Chain-of-Custody, rohanalytischen Daten, prozessierten analytischen Daten, SOPs, Validierung der Instrumentenergebnisse, Zertifizierung der Reagenzienergebnisse und die Nachweise zur Zertifizierung der Analytiker. Die Aufbewahrung von Geräteperotokollen und Zertifizierungsberichten hinsichtlich der Reagenzien ist erforderlich für die Nachbewertung der Ergebnisse, auch noch nach Ablauf von mehreren Jahren. Die Aufbewahrung aller Datensätze ist vorgesehen für den Fall, dass die Dokumentation bei rechtlichen Auseinandersetzungen (durch Nachweis der ursprünglichen Daten) erforderlich werden könnte. Die Dauer, während der Labordatensätze aufbewahrt werden sollten, kann je nach Situation differieren. Doch die allgemeinen Leitlinien, die von zertifizierten Labors befolgt werden, sehen vor, dass Aufzeichnungen mindestens fünf Jahre aufbewahrt werden müssen. In der Praxis werden diese Datensätze in der Regel noch länger aufbewahrt.

(j) *Verantwortlichkeit.* Die GLP-Verfahren verhängen eine Rechenschaftspflicht für analytische Laborergebnisse sowie für experimentelle Verfahren. Die Verantwortlichkeiten für alle Aspekte der Laborabläufe, die zu technischen Ergebnissen und Schlussfolgerungen führen, sind klar zu definieren und zu dokumentieren.

6.3.1 GLP und Ethik

Das Laborpersonal sollte ein klares Bewusstsein davon haben, dass die ethischen Standards für die Laborarbeit Priorität besitzen. Das Management muss dieses Konzept nicht nur während des Trainings, sondern auch in der täglichen Kommunikation mit den Mitarbeitern unterstützen. Darüber hinaus ist die Überprüfung der Erfahrung und der Ausbildung der Mitarbeiter notwendig, um die Rolle ethischer Standards und Reflexion zu verstärken (Boyd 2003).

Kontrollfragen II
- Gib die wichtigsten Elemente eines Qualitätssicherungs-Programms an!
- Haben die ethischen Standards Priorität für das in einem Labor tätige Personal?
- Kann eine Zertifizierung von Laboreinrichtungen in der Regel durch interne oder externe Agenturen erreicht werden?

6.4 Lektion 4: Verschmutzungsmanagement (*Victor David*)

Ziele dieses Abschnitts

Nach Lektüre dieses Abschnitts sollte die/der Studierende
- die Beziehungen zwischen GLP, Management und analytischen Labors kennen und beschreiben können;
- die Inter-Korrelation zwischen Umweltverschmutzung, technologischer Entwicklung und ihrer Bewertung verstehen;
- die Rolle der Umweltverträglichkeitsprüfung (UVP) erläutern können.

Das Management, das an der Behebung von Umweltverschmutzungen beteiligt ist, beruht auf zwei Voraussetzungen: Die eine bilden die analytischen Ergebnisse aus den Labors (verteten durch die wissenschaftliche Laborleitung) und die andere ist gegeben durch die Kenntnis der juristischen Regelungen hinsichtlich der Umwelt (vgl. unten Abb. 3). Die Entscheidungen, die Durchführung von Umweltmaßnahmen definieren, sind durch diese beiden Eingaben bestimmt. Die Ergebnisse der Entscheidung sind dabei verbunden mit der Redeuzierung bzw. Minimierung der Auswirkungen von Verschmutzungen und der Verunreinigungsursachen, um beides innerhalb akzeptabler Grenzen zu halten. Hierbei spielen heute auch das politische System und die Massenmedien eine wichtige Rolle bei der Lösung akuter Umweltprobleme. Zumindest einige wichtige Ereignisse in diesem Zusammenhang sollen hier erwähnt werden.

So hat das 6. Aktionsprogramm für die Umwelt darauf hingewiesen, dass umweltschutzbezogene Aktivitäten „angesichts des langfristigen Ziels, eine globale GHG-Reduktion in der Größenordnung von 20-40% (abhängig von den aktuellen wirtschaftlichen Wachstumsraten und damit den Treibhausgasemissionen sowie dem Erfolg der Maßnahmen zur Bekämpfung des Klimawandels) von 1990 bis 2020 zu erreichen, darauf gerichtet sein müssen, eine wirksame internationale Übereinkunft" herbeizuführen. Auf kürzere Sicht wird die EU im Rahmen des Kyoto-Protokolls dazu verpflichtet, eine 8%-ige Verringerung der Emissionen von Treibhausgasen bis 2008-2012 gegenüber dem Niveau von 1990 zu erreichen. Die gemeinten Treibhausgase sind Kohlendioxid, Methan, Lachgas sowie fluorierte Gase. Die treibende Kraft hinter dem Anstieg der Treibhausgas-Emissionen ist die Verbrennung fossiler Brennstoffe. Andere Quellen für Treibhausgase sind Methan-Emissionen aus der Viehhaltung, Stickstoffoxide aus landwirtschaftlich genutzten Böden, Methanemissionen aus Mülldeponien sowie die Emissionen von fluorierten Gasen aus Fertigungsprozessen. Entwaldungen und veränderte Formen der Landnutzung sind ein gewichtiger Faktor für die Freisetzung von CO_2 in die Atmosphäre. Umgekehrt ist es möglich, die Konzentration von CO_2 in der Atmosphäre durch die geologische Sequestrierung und durch Einbinden von Kohlenstoff in der Biomasse (Wälder) und in Böden durch Änderung der Landnutzung und zu reduzieren.

Bei den Umweltverschmutzern ist das Hauptinteresse auf die flüchtigen organischen Schadstoffe und verschiedene Klassen von nichtflüchtigen Verbindungen oder solchen mit geringer Volatilität (Flüchtigkeit) ausgerichtet. Flüchtige organische Verbindungen (VOC) sind Luftverschmutzer, die Gesundheitsgefahren erzeugen und als Ausgangsstoffe für die Bildung von Ozon in der Atmosphäre gelten. Die Quelle der in der Luft schwebenden VOCs können Umweltverschmutzungen durch die Industrie, Deponien, Raumluft zu Hause oder im Büro, und vor allem der Straßenverkehr sein. Die Liste der Europäischen Gemeinschaft zu prioritären Schadstoffen umfasst 34 VOCs, während die US Environmental Protection Agency (EPA) sogar 60 Verbindungen auflistet (einschließlich Kohlenwasserstoffe und deren halogenierte Derivate von Methan bis Propylbenzin).

Es sei an dieser Stelle kurz auf die Stationen in der Geschichte des Einsatzes von Schädlingsbekämpfungsmitteln (über deren Auswirkungen besonders häufig innerhalb der wissenschaftlichen Gemeinschaft diskutiert wird) in den USA hingewiesen (vgl. Römbke / Moltmann 1996):

- Verabschiedung des Föderalen Insektizid-Gesetzes, um Risiken für die menschliche Gesundheit (1910) zu verhindern;
- Überarbeitung des Gesetzes von 1910 als Föderales Insektizid-, Fungizid- und Rattengift-Gesetz (FIFRA), 1947;
- Erstes Moratorium für die Verwendung eines Pestizids, nämlich von DDT (1969);
- Errichtung der Environmental Protection Agency (EPA);
- Veröffentlichung von EPA-Leitlinien zur Ergänzung des FIFRA (1982);
- neue Kriterien für die Akzeptanz von Daten, um den Registrierungsprozess zu beschleunigen (1992).

Die Umweltverschmutzung ist eng gekoppelt an die technologische Entwicklung und deren kontroverse Beurteilung (Mohr 1999). „Technologiebewertung" in der Umweltverschmutzung ist das Synonym für die Untersuchung und Bewertung neuer Technologien; der Ausdruck wird hier für Technologien verwandt, deren Einsatz die lokale Wirkung an der Quelle der Verschmutzung beseitigen soll.

Insgesamt scheint es schwierig zu sein, die globale Verschmutzung durch Hochtechnologien zu lösen. Daher ist es besser, Verschmutzungen (Kontaminationen) überhaupt zu vermeiden. Zum Beispiel hat die ETC-Group (http://www.etcgroup.org/en/) einen internationalen Vertrag zur Technikfolgen-Abschätzung mit dem Titel: „Internationale Konvention zur Evaluierung von neuen Technologien (ICENT)" vorgeschlagen. Einige der wichtigsten Einsatzfelder der Technikfolgen-Abschätzung sind: Informationstechnologien, Wasserstofftechnologien, Atomtechnologie, molekulare Nanotechnologie, Pharmakologie, Gesundheitstechnologie.

„Environmental Impact Assessment" (EIA) ist ein Management-Tool für die Planung und Entscheidungsfindung, das der Ermittlung, Vorhersage und Bewertung der Umweltauswirkungen geplanter Entwicklungsprojekte dient. Viele Fachbücher bieten nützliche Informationen zur EIA bzw. Umweltverträglichkeitsprüfung (UVP) (z. B. Modak und Biswas 1999), mit Erläuterungen zu ihren Prozessen, Methoden und Werkzeugen, zur Durchführung von spezifischen Umwelt-Maßnahmen und zur Notwendigkeit ihrer ständigen Kontrolle sowie zur Überprüfung der abschließenden Berichterstattung über eine UVP.

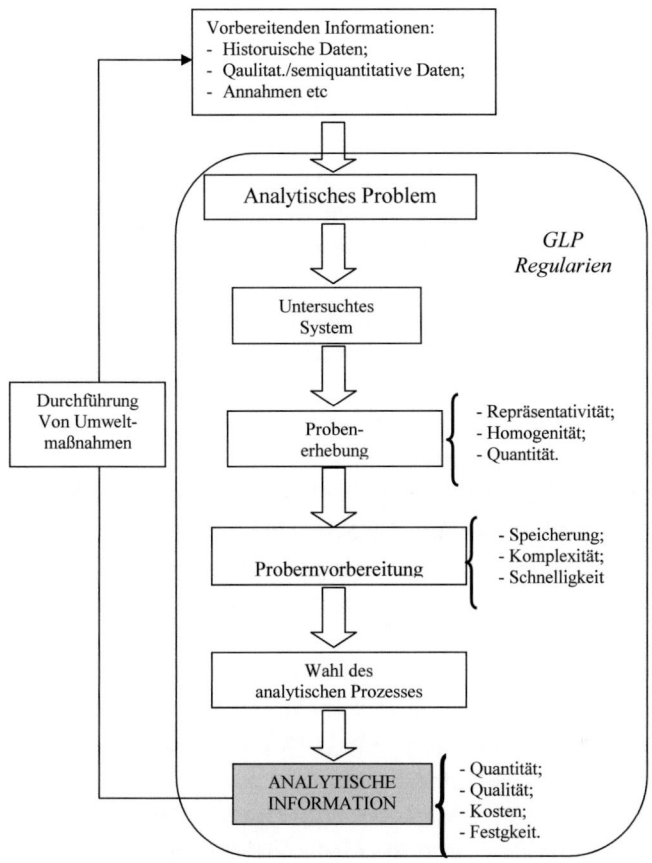

Abbildung 3: Die Beziehungen zwischen GLP, Management und analytischem Prozess

Kontrollfragen III
- Was ist die Rolle des Managements in der Umweltverschmutzung?
- Beschreib kurz die Geschichte der Pestizid-Politik in einem sehr entwickelten Land!
- Ist die globale Umweltverschmutzung eine Folge der Hochtechnologie?

Literatur

Attfield, R. (2003): *Environmental Ethics.* Cambridge: Polity Press.

Boyd, J.A. (2003): Defensibility and ethics in the laboratory, *The Quality Assurance Journal*, 7 (2), S. 79-83.

Ellison, S.R.L., Rosslain, M., and A.Williams, A. (2005): *Quantifying Uncertainty in Analytical Measurement*, Eurachem/CITAC Guide, Second Edition.

Jamieson, D. (2009): *Ethics and the Environment. An Introduction.* Cambridge: Cambridge University Press.

Jeffrey Peirce, J. / Winer, R. F. / Aarne Vesilind, P. (1998): *Environmental Pollution and Control* (4. Aufl.). Boston, Oxford: Butterworth-Heinemann.

Light, E. /Rolston III, H. (Hgg..) (2003): *Environmental Ethics. An Anthology.* Malden Oxford: Blackwell Publishing.

Modak, P., and Biswas, A.K., (Hgg.) (1999): Conducting Environmental Impact Assessment for Developing Countries, United Nations University Press, Tokyo.

Mohr, M. (1999) „Technology Assessment in Theory and Practice", *Journal of the Society for Philosophy and Technology*, Bd. 4, Nr. 4.

Rombke, J., and Moltmann, J.F. (1996): Applied ecotoxicology, Lewis Publishers, Bocar Raton, S. 160.

Seiler, J.P. (2005): *Good Laboratory Practice*: The Why and the How, Springer Science + Business Media, 2nd edition.

Shrader-Frechette, K. (2003): Environmental Ethics. In: LaFollette, H. (Hg.): *The Oxford Handbook of Practical Ethics*, New York: Oxford University Press.

Webster F.G. et al., (2005): „JALA Tutorial: Considerations When Implementing Automated Methods into GxP Laboratories", *Journal of the Association for Laboratory Automation*, 10 (3): S. 182 – 191.

Weinberg, S. (2003): Good Laboratory Practice Regulations, Marcel Dekker Inc., New York.

7. Zusammenfassung, Schlussfolgerungen und Ausblick

7.1 Zu Kapitel 1: Einführung in die Grundproblematik

Der Lernende sollte die Komplexität und Einzigartigkeit der Umweltethik in Bezug auf konkrete Umweltfragen (Lektion 1) und grundlegende Umweltprobleme in verschiedenen Umweltmedien (Lektion 2) verstehen. Weiterhin sollten die wissenschaftlichen Entwicklungen und zumindest die grundlegenden philosophischen Hintergründe der Umwelt-Philosophien bzw. ethischen Herangehensweisen verstanden werden, um nachvollziehen zu können, wie sich die gegenseitige Beziehung von Mensch-Natur im Laufe der Zeit verändert hat (Lektion 3 und 4). Schließlich soll der Studierende begreifen, welche Verantwortung wir gegenüber der Natur haben, und einsehen, wie die Umweltethik dazu beitragen kann, mit Hilfe des Umweltschutzes und der Überwachung von Umweltmaßnahmen vorhandene Umweltprobleme zu bewältigen.

7.1.1 Lektion 1: Die Komplexität von Umweltproblemen

An zwei fiktiven Fallbeispielen werden ethisch komplexe Situationen behandelt, in die fast jeder Umweltexperte geraten kann. Aufgrund von Unterschieden in Organisationen, persönlichen Werten und der Ausbildung kann es gegensätzliche Ansichten darüber geben, wie diese Dilemmata gelöst werden sollten. Die hypothetischen Fälle demonstrieren die Besonderheit und Komplexität von Umweltproblemen, insofern diese soziale und normative Implikationen aufweisen, mit denen wahrscheinlich früher oder später jeder in diesem Arbeitsfeld in irgendeiner Weise konfrontiert wird.

Insgesamt möchte das vorliegende Buch eine Brücke zwischen „Umweltwissen" und „umweltgerechtem Verhalten" schlagen, um die „technischen Aspekte" und die „ethischen Aspekte" der Überwachung miteinander zu verbinden. Die Hoffnung dabei ist, dass Umweltexperten mit einem erhöhten ökologischen Bewusstsein und einer gesteigerten umweltethischen Sensibilität auch ein größeres Verständnis für ihre Verantwortung bezüglich der Umweltüberwachungspraxis besitzen und ein vermehrtes Engagement für die Belange des Naturschutzes und entsprechender Verhaltensweisen zeigen werden.

7.1.2 Lektion 2: Das Problem der Umweltverschmutzung

In dieser Unterrichtseinheit werden die Ursachen, Auswirkungen und die Bedeutung von Umweltproblemen in den verschiedenen Medien (Wasser, Land, Luft etc.), die durch menschliche Aktivitäten hervorgerufen werden, kurz dargestellt, damit der Studierende das gegenseitige Abhängigkeitsverhältnis zwischen Mensch und Natur besser verstehen lernt.

Es ist für alle Menschen und insbesondere für Umweltexperten und Entscheidungsträger notwendig, die ethischen Dimensionen mit den wissenschaftlichen, technologischen, ökonomischen, sozialen und juristischen Aspekten der Überwachung von Umweltverschmutzungen in Einklang zu bringen, um einen wirksamen Umweltschutz zu erreichen. Dies kann nur von für Belange der Umweltethik sensibilisierten Umweltexperten und Entscheidungsträgern bewerkstelligt werden. Die verschiedenen Möglichkeiten, die hierbei im Hinblick auf das Problem der Umweltverschmutzung zur Verfügung stehen, werden in dieser Lektion näher erläutert.

7.1.3 Lektion 3: Der sozio-ökonomische Hintergrund und unsere Verantwortung gegenüber der Umwelt

Umwelt ist komplex und Umweltfragen scheinen manchmal eine nicht handhabbare Anzahl von Themen und Faktoren zu umfassen. In Lektion 3 werden einige der Faktoren, die die Komplexität und Einzigartigkeit von Umweltproblemen ausmachen bzw. erzeugen, sowie die Geschichte der umweltbezogenen Denkansätze diskutiert. Insbesondere wird der Zusammenhang zwischen „ökonomischer Krise" und „öklogischer Krise" eingehend behandelt. Schließlich wird auch gezeigt: Als Individuen tragen wir Verantwortung *gegenüber der Natur* (wie die Nachhaltigkeit der natürlichen Resourcen zu garantieren ist oder wie wir die beschädigte Balance wiederherstellen oder ein Ökosystem sanieren können etc.), *gegenüber der Gesellschaft* (mit ihren vielfältigen und sich z. T. widersprechenden Interessen) sowie *gegenüber zukünftigen Generationen* (denen wir eine lebenswerte Umwelt hinterlassen sollten).

7.1.4 Lektion 4: Geschichte des Umweltschutzes

Es dürfte nützlich sein, sich einmal kurz die Geschichte der Entwicklungen im Umweltschutz und innerhalb der Umweltschutzbewegung vor Augen zu führen, um unsere Verantwortung gegenüber der Umwelt einsehen zu können. Es ist klar, dass es keine objektive Wahrheit hinsichtlich der Beziehung von Gesellschaft und Natur/Umwelt gibt. Stets konkurrieren verschiedene Wahrheiten (Theorien, Weltanschauungen) aus der Sicht verschiedener Gruppen von Menschen in verschiedenen sozialen Positionen und mit verschiedenen Ideologien miteinander. Deshalb ist es erforderlich, sowohl die verschiedenen wissenschaftliche Ansätze als auch die grundlegenden philosophischen Hintergründe hinter diesen Ideologien bzw. Herangehensweisen zu verstehen, um nachvollziehen zu können, wie sich die wechselseitige Mensch-Natur-Beziehung im Laufe der Zeit verändert hat.

Als Ergebnis lässt sich festhalten: Zunehmend wurde die frühe mechanistische Sicht von Natur und Umwelt, die ein Produkt des Frühkapitalismus war, ersetzt durch eine ökozentrische Weltsicht, die eher holistisch geprägt ist, indem sie die Bedeutung des Ganzen gegenüber den Teilen betont und den Menschen nicht von der Umwelt trennt, nachdem die Welt in wachsendem Maße mit Umweltproblemen konfrontiert wurde. Das ökologische Paradigma bedingt dabei eine neue Ethik, in der alle

Teile des Ökosystems einschließlich des Menschen grundsätzlich alle denselben Wert besitzen; und die daher den immanenten Wert jedes Naturwesens anerkennt.

7.2 Zu Kapitel 2: Ethik – Die Suche nach Entscheidungskriterien

Der Lernende lernt verstehen, um was es in der Ethik überhaupt geht. Ausgehend von einer Arbeitsdefinition für die Ethik lernt er drei grundlegende Ethikansätze aus der Philosophiegeschichte sowie die Bedeutung von Normen und Werten kennen, und er versteht, wie eine korrekte moralische Argumentation durchgeführt wird (Lektion 1). Darüber hinaus lernt er, mit Hilfe eines Stufenmodells ein moralisches Problem zu beschreiben und zu analysieren, so dass er in die Lage versetzt wird, dieses zu bewerten und zu begründen (Lektion 2). Schließlich wird ihm ein erster Begriff von Umweltethik vermittelt (Lektion 3).

7.2.1 Lektion 1: Unterwegs zu einer Arbeitsdefinition

Es gibt alle möglichen Definitionen von Ethik. Hier suchen wir nach einer Arbeitsdefinition und sind zunächst mit einer Definition zufrieden, die dafür benutzt werden kann, um grundsätzliche Fragen zum Wesen und zur Rechtfertigung menschliches Handeln zu stellen. In der Ethik denken Menschen über ihr Handeln nach. Sie fragen danach, was richtig und falsch ist.

Ethik möchte dazu beitragen, das höchste Gut zu erkennen und zu verwirklichen. Ethik kommt immer dann ins Spiel, wenn die Werte unterschiedlicher Fachrichtungen oder Werte einer bestimmten Fachrichtung sich untereinander widersprechen. Ethische Fragen werden gestellt, wenn es zu einem Konflikt zwischen den Werten kommt.

In dieser Unterrichtseinheit werden insbesondere drei philosophische Ethik-Ansätze kurz vorgestellt und diskutiert: die beschreibende, die normative und die Meta-Ethik. Außerdem wird der Unterschied zwischen funktionellem (instrumentellem) und intrinsischem Wert behandelt. Die Idee, dass auch nicht-menschliche Wesen einen intrinsischen „Wert in sich selbst" besitzen können, der unseren Respekt verdient, ist grundlegend für jede Umweltethik. Es wird gezeigt, wie eine im philosophischen Sinne korrekte Argumentation (mit Blick auf ethische Fragestellungen) beschaffen ist. Auf diese Weise wird der Studierende in das ethische Denken methodisch eingeführt.

7.2.2 Lektion 2: Moralische Dilemmata

Es ist nicht immer klar, wann die Ethik auf dem Spiel steht. Gefühle, Motive und Absichten und bestimmte Eigenschaften einer Person oder Personengruppe können ethisch richtig oder falsch sein. In dieser Lektion sollen dem Studierenden Kriterien an die Hand gegeben werden, mit deren Hilfe er zu selbstständigen moralischen Werturteilen gelangen kann. Außerdem lernt er, wie er typische Denkfehler vermeiden kann: etwa Fakten mit Normen zu verwechseln. Vor allem aber wird ein Stufenmodell vorgestellt, das dem Lernenden bei der Beurteilung eines ethischen Problems helfen kann.

7.2.3 Lektion 3: Einführung in die Umweltethik

Umweltethik handelt von der ethischen Sorge für Natur und Umwelt. Die ethische (Für-) Sorge ist davon abhängig, was es in der Natur gibt und was davon einen moralischen Status für sich beanspruchen kann. Grundsätzlich kann man der Natur und Umwelt aufgrund von entweder anthropozentrischen oder nicht-anthropozentrischen Argumenten einen moralischen Status verleihen. Die wichtigsten Theorien zu beiden Arten von Argumentation werden in dieser Lektion behandelt.

Insbesondere werden auf dem Wege zu einer Definition von Umweltethik drei Fragen behandelt: (1.) Welche menschlichen Handlungen erfordern eine ethische Reflexion? (2.) Wie lässt sich Natur und/oder Umwelt definieren? (3.) Wie können wir herausfinden, was in der Umweltethik mit „gut" und „gut im Endergebnis" gemeint sein kann?

Ferner wird gezeigt, wie das Interesse an gesellschaftlichem Wohlstand, das Streben nach Freiheit und Verteilungsgerechtigkeit sowie der Anspruch auf eine sichere und saubere Umwelt ethisch relevante Probleme aufwerfen können, insofern sie zu Wertkonflikten führen, deren Bearbeitung eine philosophische Reflexion erforderlich macht.

Die beiden grundsätzlichen Ansätze im Bereich der Umweltethik, nämlich der anthropozentrische und der nicht-anthropozentrische (physiozentrische) Ansatz, werden erstmals in die Diskussion eingeführt, um das zentrale Kapitel 4 vorzubereiten.

7.3 Zu Kapitel 3: Ziele und Struktur der Umweltethik

Ziel dieses Kapitels ist es, dem Studierenden vor Augen zu führen, wie das Feld der Umweltethik insgesamt strukturiert ist. Um dieses Ziel zu erreichen, soll der Leser (in Lektion 1) die zentralen Bereiche der Umweltethik und (in Lektion 2) die wichtigsten Ebenen, auf denen umweltethische Reflexionen stattfinden, kennen lernen.

7.3.1 Lektion 1: Die drei zentralen Aufgabenfelder der Umweltethik

Ethische Reflexion ist ein essenzieller Bestandteil der praktischen Philosophie. Sie versucht Antworten zu geben auf die Frage: „Was sollen wir tun?" Ethik zielt darauf ab, dem menschlichen Handeln eine normative Orientierung zu geben. Hierbei kommt dem Verhältnis der handelnden Subjekte zueinander eine besondere Bedeutung zu: nach Maßgabe welcher grundlegender Kriterien soll die Interaktion zwischen Menschen erfolgen? Weiterhin: Wie ist eine gegebene Situation zu beurteilen, um sich in ihr ethisch richtig zu verhalten?

Diese Überlegungen zur allgemeinen Ethik, mit denen an die Ausführungen im 2. Kapitel angeknüpft wird, werden sodann auf die speziellen Belange der Umweltethik angewandt: Insgesamt lassen sich *drei Formen von Umweltethik* unterscheiden, die zusammen eine aufsteigende Sequenz bilden, insofern jede nachfolgende Form die vorhergehende einschließt bzw. um zusätzliche „moral agents" erweitert:

(1) In der *Ressourcenethik* wird danach gefragt, wie wir die von der Natur zur Verfügung gestellten Rohstoffe und Umweltmedien (wie Wasser und Boden) nutzen dürfen, ohne dass dies zu unrevidierbaren Schädigungen (Übernutzung, Umweltverschmutzung usw.) führt. Eine solche Ethik kann noch ausschließlich anthropozentrisch, d. h. von den Interessen des Menschen her, begründet werden.

(2) In der *Tierethik* wird hingegen danach gefragt, ob Tiere – zumindest die empfindungsfähigen – einen Wert und Zweck an sich selbst haben. Und wenn ja, was dies ethisch bedeutet im Hinblick auf unser Verhältnis und Verhalten zu ihnen. Eine konsequente Tierethik geht über einen rein anthropozentrischen Ansatz hinaus, indem sie „pathozentrisch" denkt.

(3) In der *Naturethik* schließlich wird danach gefragt, ob alle Lebensformen bzw. auch komplexe abiotische Naturzusammenhänge – und vielleicht sogar die Natur im Ganzen – von moralischem Wert und daher unbedingt schützenswert sind. Eine solche Ethik (wie immer sie auch im Einzelnen begründet sein mag) sprengt jedenfalls mehr noch als die Tierethik den Rahmen einer Umweltethik, die allein von den Interessen des Menschen ausgeht. Statt anthropozentrisch, ist die Naturethik somit physiozentrisch (oder sogar holistisch) ausgerichtet.

7.3.2 Lektion 2: Die drei Ebenen umweltethischer Reflexion

Für eine Systematik der Umweltethik ist aber nicht nur die Unterscheidung der drei genannten Themenbereiche (die unter Umweltethikern weitgehend Konsens ist) wichtig, sondern auch die Unterscheidung mehrerer Ebenen, auf denen die Umweltethik zum Tragen kommt. Einem Vorschlag von Konrad Ott folgend, lassen sich drei solcher Ebenen voneinander abgrenzen:

(1.) Philosophische Ebene (Ethik): Auf dieser „hohen" Ebene geht es um prinzipielle Begründungen: es werden ethische Geltungsansprüche erhoben, die universell – d. h. für alle Mitglieder der ethischen Diskursgemeinschaft – gelten sollen. In dem philosophischen Diskursuniversum der Umweltethik werden die Argumente pro oder contra bestimmte umweltethische Positionen entwickelt und zur Diskussion gestellt.

(2.) Politisch-rechtliche Ebene (Gesetze): Auf dieser Ebene geht es um die Definition kollektiv verbindlicher normativer Regelungen und Handlungsziele (etwa von „Umweltqualitätszielen"). Eine solche Definition setzt bereits gewisse umweltethische Einstellungen und Vorentscheidungen voraus. Umweltrelevante Ziele und Programme werden von der Politik – Regierungen, Parlamenten und Verwaltungen – festgelegt, in Kraft gesetzt und kontrolliert. Das entscheidende Instrument ist dabei das jeweils geltende *Umweltrecht*.

(3.) Ebene des Umweltschutzes (einzelne Fälle und Maßnahmen): Auf dieser Ebene geht es um die Behandlung einzelner Fälle von Umweltbelastung oder Umweltzerstörung bzw. von Umweltschutz mit Hilfe konkreter Maßnahmen. Diese Maßnahmen sind in erster Linie technischer Art. Das konkrete Umweltmanagement steht im Vordergrund, womit das Know-how der praktischen Umweltexperten (Umwelttechniker usw.) gefragt ist. Die Umweltethik kann nun zwar nicht unmittelbar zur *technischen Lösung* von Umweltproblemen beitragen, sie kann aber nach dem *Sinn* solcher technischer

Maßnahmen und nach ihrer normativen Legitimation fragen sowie bei der Abwägung zwischen verschiedenen technischen Lösungen behilflich sein, insofern die Eingriffstiefe, die Kosten und die möglichen unerwünschten Nebenwirkungen der verschiedenen Maßnahmen unterschiedlich sind.

Die spezifischen Beiträge der Umweltethik zu diesen drei Ebenen des Umweltdenkens und Umwelthandelns werden in den nachfolgenden Kapiteln (4-6) näher ausgeführt.

7.4 Zu Kapitel 4: Hauptansätze in der Umweltethik

In diesem Kapitel geht es darum, dass der Lernende versteht, wie die Umweltethik die vermeintliche moralische Überlegenheit des Menschen gegenüber Angehörigen anderer Spezies dieser Erde infrage stellt, indem sie nach rationalen Argumenten sucht, um der Natur und der Umwelt (mit ihren nicht-menschlichen) Elemente einen moralischen Status zuschreiben zu können. Es wird gezeigt, dass in der Umweltethik zwei Sichtweisen miteinander konkurrieren: die anthropozentrische und die nicht-anthropozentrische (physiozentrische) Anschauung. Der Studierende lernt die Argumente kennen, auf denen die wichtigsten Theorien innerhalb der beiden Sichtweisen aufbauen. Und er bekommt Hilfen an die Hand, um sich selbstständig mehr Wissen über diese Theorien aneignen zu können. Anhand eines Beispiels lernt er, wie die eigenen Werte mit Hilfe eines Stufenmodells und mit Blick auf die grundlegenden Einstellungen des Menschen gegenüber der Natur und Umwelt bestimmt werden können.

7.4.1 Lektion 1: Die anthropozentrische Sicht

Die zentrale ethische Frage, die in diesem Kapitel verfolgt wird, lautet: Wer oder was zählt zum moralischen Universum? Anders gefragt: Gegenüber wem oder was haben wir direkte moralische Verpflichtungen? Wem oder was kommt eine Würde zu, die respektiert werden muss? Um diese Fragen zu beantworten, wird zunächst (in Lektion 1) der anthropozentrische Standpunkt näher untersucht: Die anthropozentrische Sichtweise in der Umweltethik ist völlig menschenzentriert, d. h. die Natur wird nach Maßgabe „instrumenteller" Gesichtspunkte (nach ihrem Nutzen für den Menschen) bewertet; ein intrinsischer Wert an sich selbst wird ihr nicht zugesprochen. M.a.W.: In der anthropozentrischen Sichtweise haben Tiere, Pflanzen, Ökosysteme und die gesamte Natur nur einen „Wert" in Bezug auf die Menschen und ihre Interessen. Die Natur ist somit *ethisch* nur in einer *in*direkten Weise von Wert, insofern sie einen Beitrag für die Befriedigung der Bedürfnisse und Interessen des Menschen leistet. Allerdings achtet die anthropozentrische Umweltethik auch das Anrecht künftiger Generationen von Menschen auf eine intakte Umwelt und Natur.

Gemäßigte Anthropozentriker räumen außerdem oft ein, dass wenigstens ein ästhetisches (oder auch kontemplatives) Argument zugunsten des Naturschutzes der instrumentellen Sicht auf die Natur hinzugefügt werden kann: sie begründen dann das Bedürfnis und die Motivation zur Erhaltung und Kultivierung der Natur mit deren sinnlichen Reizen auf uns. Auch kann eine anthropozentrisch orientierte Person Empathie und Mitgefühl gegenüber empfindungsfähigen Tieren empfinden, obwohl sie den empfindungsfähigen Tieren selbst jeden moralischen intrinsischen Wert in sich selbst abspricht. Das Bemühen, Schmerz und Unglück für alle lebenden Wesen zu vermeiden oder zum mindern, ist einem anthropozentrisch orientierten Menschen also nicht unbedingt fremd. Es gibt mithin durchaus gewisse Möglichkeiten, um auch in einer anthropozentrischen Weise für (ästhetische) „Werte (in) der Natur" zu argumentieren – nicht nur in einer rein instrumentellen oder materialistischen Weise.

7.4.2 Lektion 2: Die nicht-anthropozentrische Sicht

In diesem Abschnitt werden Möglichkeiten diskutiert, in rationaler Weise der natürlichen Umwelt (bzw. ihren Wesenheiten wie vor allem Tieren und Pflanzen) intrinsische moralische Werte zuzusprechen und dadurch eine nicht-anthropozentrische Sichtweise der Natur zu begründen. Zunächst werden unterschiedliche Bedeutungen von „intrinsischem Wert" sowie einige Funktionen des Gebrauchs dieses Begriffs geklärt. Danach werden die Haupttheorien und deren Vertreter innerhalb der nicht-anthropozentrischen Sichtweise näher betrachtet. Jede dieser Theorien entwickelt ein eigenes Argument dafür, warum die „moralische Gemeinschaft" um bestimmte nicht-menschliche Wesen zu erweitern ist.

Die nicht-anthropozentrische Seite der Umweltethik kann sich sehr unterschiedlich darstellen. In dem vorliegenden Buch wird auf die vier wichtigsten Ansätze nicht-anthropozentrischer Theorien eingegangen:

1. Pathozentrismus (diese Theorie besagt, dass es falsch ist, Tieren Leid zuzufügen. Nicht nur Menschen können Lust oder Schmerz empfinden, auch Tiere sind dazu in der Lage. Zumindest Tiere, die über ein Nervensystem verfügen, sind mit dem Menschen gleichgestellt; sie sind beide empfindungsfähig und insofern ethisch relevant).
2. Biozentrismus (einige Autoren haben einen erweiterten Ansatz für individuelles Wohlergehen und die intrinsische Wertschätzung von natürlichen Wesenheiten vorgeschlagen, indem sie argumentieren, dass allen Organismen ein intrinsischer Wert zukomme, insofern sie bestrebt sind, das Beste für sich erreichen – ungeachtet, ob diese Organismen über ein Bewusstseins verfügen oder nicht).
3. Ökozentrismus (der Ökozentrismus erkennt den moralischen Status von Menschen *und* ebenso aller anderen Organismen an, unabhängig von ihrer etwaigen Empfindungsfähigkeit. Darüber hinaus verdiene die Natur auch auf einer höheren Ebene der Organisation als auf der einzelner Organismen – z. B. auf der Ebene von Arten und Ökosystemen – unseren moralischen Respekt).

4. Holismus (die gesamte Natur mit allen ihren – auch abiotischen – Entitäten wird als ethisch bedeutsam postuliert: also auch etwa Mineralien oder Naturprozesse; diese Vorstellung wird am Beispiel der „Landethik" von Aldo Leopold diskutiert).

Jeder dieser Theorieansätze beschäftigt sich mit der Frage, welche Elemente der Natur bzw. der Umwelt Anwärter auf einen moralischen Status sein können und wie die Argumentation dafür aussieht, dass ihnen ein moralischer Status verliehen werden kann.

7.4.3 Lektion 3: Umweltethische Entscheidungsfindung

Nach Durcharbeitung dieser Lektion wird der Studierende in der Lage sein, sich mehr Wissen über die Theorien und deren Vertreter eigenständig anzueignen und die Informationen so zu nutzen, dass er sich über seine eigenen Werte klar zu werden vermag. Hierbei hilft ihm zum einen ein „Stufenplan" (mit verschiedenen Reflexionsstufen) für die Gewinnung von Entscheidungskriterien in ethisch problematischen Situationen (vgl. die Ausführungen in Kapitel 2), zum andern die Anknüpfung an unterschiedliche Grundeinstellungen des Menschen gegenüber Natur und Umwelt.

7.5 Zu Kapitel 5: Die Notwendigkeit politisch-rechtlicher Regelungen

Durch das Studium dieses Kapitels soll ein Verständnis dafür geschaffen werden, wie Umweltprobleme durch Recht und Politik geregelt werden können und wie die Umweltethik dazu beitragen kann, diese Aufgabe zu leisten.

7.5.1 Lektion 1: Einleitung: Warum wir eine politisch-rechtliche Regulierung brauchen

Politisch-rechtliche Regulierung oder Umweltrecht ist ein wichtiges Instrument für den Schutz der Umwelt im Einklang mit Ökonomie und sozialem Leben. Es bildet eine komplexe und ineinander verschränkte Materie von Statuten, Gewohnheitsrecht, Verträgen, Übereinkommen, Verordnungen und Richtlinien, die, sehr weit gesehen, dazu da sind, um die Interaktion der Menschen mit der biophysikalischen oder sonstigen natürlichen Umwelt zu regulieren. Zweck der gesetzlichen Vorschriften über den Schutz der Umwelt ist die Verringerung oder Minimierung der negativen Auswirkungen menschlicher Tätigkeiten auf die natürliche Umwelt um ihrer selbst willen und auf die Menschheit an sich.

7.5.2 Lektion 2: Grundlagen für politische und rechtliche Maßnahmen

Das inhaltlich bedeutsame Umweltrecht muss durch einige hochrangige Prinzipien geleitet werden. Für viele nationale Vorschriften im Bereich des Umweltrechts in der Europäischen Union (wie in Deutschland) bilden vier Grundsätze die Basis für alle Prozesse der Umweltrechtsetzung: das Vorsorgeprinzip, das Verursacherprinzip, das Prinzip der nachhaltigen Entwicklung (in Bezug auf die Integration von Umweltschutz und wirtschaftlicher Entwicklung) und der Grundsatz der Zusammenarbeit.

7.5.3 Lektion 3: Regulierung des Umweltverhaltens

Für die Durchsetzung der umweltpolitischen Grundsätze und Ziele sind zwei Instrumente in den Rechtsrahmen vieler Staaten innerhalb der EU eingefügt worden:

(1.) Verschiedene Arten von Umweltplanung und
(2.) verschiedene Maßnahmen zur Regulierung des Umweltverhaltens

Umweltplanung ist ein wichtiges Instrument des vorsorgenden Umqweltschutzes. Diese Planung erfolgt in einem mehrstufigen Prozess, in dem die aktuelle Situation registriert und zukünftige Entwicklungen und Konflikte der Ziele und Interessen vorhergesagt werden. Die Pläne können die Form von Gesetzen, gesetzlichen Vorschriften, Statuten, Verwaltungsvorschriften oder Verwaltungsakten haben, die jeweils unterschiedliche rechtliche Folgen nach sich ziehen. Darüber hinaus kann Umweltplanung umfassende und detailreiche Fachplanungen beinhalten.

Demgegenüber ist die Angemessenheit des Umweltverhaltens das vielleicht wichtigste Ziel für die Umweltpolitik und Umweltbildung. Es gibt verschiedene Instrumente zur Regulierung eines umweltverträglichen Verhaltens. Man muss dabei zwischen direkten und indirekten Formen der Regulierung unterscheiden: Die direkte Steuerung des Verhaltens bezieht sich auf rechtliche Maßnahmen, die dafür entwickelt werden, unmittelbar auf das Umweltverhalten einzuwirken. Die indirekte Regulierung des Verhaltens beruht hingegen nicht auf Normen, die ein bestimmtes Verhalten veranlassen, sondern sie zielt darauf, die Motivation des Adressaten zu beeinflussen: Anreize für umweltfreundliches Verhalten werden gesetzt, wobei ein gewisses Ermessen bei der Umsetzung dem Adressaten überlassen bleibt.

Es gibt allerdings keine einheitliche Antwort auf die Frage, was eigentlich die „richtige" Wahl der Instrumente ist, um ein angemessenes Gleichgewicht zwischen den verschiedenen ökologischen Interessen der Benutzer, den Interessen der betroffenen Nachbarn, den Interessen der Allgemeinheit und dem Schutz der Umwelt zu erreichen. Gesetzgeber und Verwaltungen sind damit letztlich gezwungen, sich auf Versuch und Irrtum bei der Erzielung einer angemessenen Entscheidung zu verlassen.

7.6 Zu Kapitel 6: Maßnahmen des technischen Umweltschutzes

Der Studierende lernt, wie die Umweltwissenschaften, zum Beispiel die Ökologie, zur Einlösung umweltethischer Forderungen beitragen können, und wie man das Umweltmanagement in der Praxis realisieren kann. Dieses Kapitel wendet sich vor allem an diejenigen, die an Fragen des technischen Umweltschutzes interessiert sind. Es werden aber auch einige wichtige erkenntnistheoretische Fragen (etwa: Was bedeutet „Gleichgewicht in der Natur"?) behandelt, die für das Verhältnis von Ökologie und Umweltethik von Bedeutung sind.

7.6.1 Lektion 1: Umweltwissenschaften und Umweltethik

Manche erkenntnistheoretischen Kontroversen entstehen aus unterschiedlichen ethischen Positionen, wie zur Lösung von Umweltproblemen praktisch beigetragen werden kann. Umweltethiker können insbesondere wissenschaftlichen Techniken unterstützen oder kritisieren, wie die Kosten-Nutzen-Analysen oder die quantitative Risikoanalyse.

Von zentraler Bedeutung ist der Begriff der „ökologischen Integrität". Dieser Begriff kann in vielfältiger Weise definiert werden: „Ökologische Integrität" kann sich auf eine offene System-Thermodynamik beziehen, auf Netzwerke, auf trophische Systeme, auf hierarchische Organisationen etc.

Eine andere Konfliktlinie betrifft die Frage nach dem Sinn des Begriffs „Balance der Natur": Das größte Problem mit dem Appell an Gleichgewicht und Stabilität besteht darin, dass es keine präzise und empirisch bestätigte Aussage gibt, in welchem Sinne man behaupten kann, dass sich natürliche Ökosysteme in Richtung Homöostase oder zu einem gewissen Gleichgewicht hin bewegen können. Unklar im wissenschaftlichen Sinne ist auch der Begriff der „Ganzheit", der in manchen umweltethischen Überlegungen eine wichtige Rolle spielt.

7.6.2 Lektion 2: Die Rolle der „Guten Labor-Praxis" (GLP)

Für den Erfolg des technischen Umweltschutzes ist die „Gute Labor-Praxis" (GLP) von entscheidender Bedeutung. In dieser Lektion wird diskutiert, wie die Wirksamkeit von laborabhängigen Maßnahmen im Umweltschutz (insbesondere Fragen zur Qualitätssicherung betreffend: Erhebung von Messdaten, Qualifikation des Laborpersonals usw.) gemessen bzw. verbessert werden kann.

7.6.3 Lektion 3: Die Anwendung der GLP

Das Implementieren von GLP auf ein automatisiertes System ist immer eine intellektuell anspruchsvolle und zeitaufwändige Aufgabe. Die Hauptrolle spielt dabei das Konzept der „Qualitätssicherung", die vor allem mit der Zuverlässigkeit der analytischen Daten verbunden ist, die von Kontroll-Laboratorien erhoben werden. Es ist bekannt, dass analytische Untersuchungen in der Regel mit Fehlern behaftet sind. Außerdem sind viele verfahrenstechnische Einzelschritte optional und willkürlich.

Das Laborpersonal muss deutlich wahrnehmen, dass ethische Standards eine Priorität für die Laborarbeit besitzen. Und das Management muss dieses Konzept nicht nur während des Trainings, sondern auch in der täglichen Kommunikation mit Mitarbeitern unterstützen.

7.6.4 Lektion 4: Verschmutzungsmanagement

Das Management, das an der Umweltverschmutzung beteiligt ist, beruht auf zwei Säulen: Die eine ist die, die durch die analytischen Ergebnisse aus den Labors (wissenschaftliche Leitung) vertreten wird, und die andere ist gegeben durch die Kenntnis des juristischen Regelwerks hinsichtlich der Umwelt. Die managerialen Entscheidungen, die der Durchführung von Umweltmaßnahmen zugrunde liegen, werden durch diese beiden Bedingungen bestimmt. Dabei zielen die Entscheidungen auf die Reduzierung bzw. Minimierung der Auswirkungen von Verschmutzungen und der Verunreinigungsursachen, um beides innerhalb akzeptabler Grenzen zu steuern. Heute spielen außerdem die Vorgaben des politisch-rechtlichen Systems und die Meldungen in den Massenmedien eine zentrale Rolle bei der Inangriffnahme akuter Probleme der Umweltverschmutzung.

Für die Ermittlung, Vorhersage und Bewertung der Umweltauswirkungen geplanter Entwicklungsprojekte ist das so genannte „Environmental Impact Assessment" (EIA) das vielleicht wichtigste Instrument.

7.7 Allgemeine Zusammenfassung und Ausblick

Umweltprobleme können nicht allein durch technische Mittel und Maßnahmen gelöst werden. Damit der Umweltethiker und Umweltmanager weiß, was er jeweils zu tun hat, bedarf er auch einer umweltethischen Orientierung. Denn auch umweltpolitische Entscheidungen, die diesen Maßnahmen vorhergehen, benötigen einen solchen umweltethischen Rahmen. Die politische, technologische und ethische Dimension müssen daher in ein ausgewogenes Verhältnis zueinander gebracht werde. Dies ist jedoch nur möglich, wenn umweltethische Gesichtspunkte in die Entscheidungen von Politikern und Umweltmanagern integriert sind: Die Formulierung von Umweltschutzprogrammen sowie die Wahl der technischen Mittel werden nicht zuletzt davon abhängen, ob (und in welchem Umfange) der Natur und ihren Wesenheiten (Tieren, Pflanzen usw.) ein „intrinsischer Wert" zugesprochen wird oder nicht.

Und für die Sensibilität des Umweltverhaltens von Experten und Laien ist es wesentlich, dass ein angemessenes Bewusstsein von der „Würde" der Natur vorhanden ist und dass entsprechende Werthaltungen zuvor verinnerlicht worden sind. Und sollte es bei der Aushandlung des richtigen Weges im Umweltschutz zu Meinungsverschiedenheiten und Interessenkonflikten kommen, dann ist es wichtig, die Argumente zu kennen, die den verschiedenen umweltethischen Anschauungen zugrunde liegen. Auch wenn es (noch) keine abschließenden umweltethischen Erkenntnisse gibt, so ist es doch unverzichtbar, derartige Diskussionen auf breiter gesellschaftlicher Grundlage zu führen. Hierzu einen Beitrag zu leisten, wurde das vorliegende Buch geschrieben.

Gentests auf dem Prüfstand
Zur Qualitätssicherung von Gentests in der Humanmedizin
Von Rainer Paslack
2008, 268 Seiten, Paperback, Euro 69,90/122,00 CHF, ISBN 978-3-89975-847-4

Ziel der Untersuchung ist es, den Stand der Qualitätssicherung im Bereich der Gendiagnostik in umfassender Weise zu beschreiben und Hinweise auf eine Verbesserung des Qualitätsmanagements zu geben.

Qualitätssicherung ist ein zentrales Erfordernis für die geregelte und wirksame Durchführung genetischer Tests. Dies gilt sowohl für die Labordiagnostik als auch für die humangenetische Beratungspraxis. Von der Zuverlässigkeit der Testmethoden, der Qualifiziertheit des Testpersonals und der Güte der Interpretation der Testergebnisse hängt entscheidend ab, ob die Durchführung eines genetischen Tests medizinisch sinnvoll und ethisch akzeptabel erfolgt.

Naturschutz und Demokratie!?
(CGL-Studies 3)
Hg. von Gert Gröning/Joachim Wolschke-Bulmahn
2006, 351 Seiten, Hardcover, Euro 44,00/73,00 CHF, ISBN 978-3-89975-077-5

„Naturschutz und Demokratie!? *liefert beeindruckende Facetten zur Geschichte des Naturschutzes und der Naturschutzarbeit in unterschiedlichen politischen Systemen, die als Basis weiterer Forschungen verstanden werden müssen.*"
(Comparativ)

„*Der Band macht deutlich, daß insbesondere die vielfältigen Zäsuren der deutschen Geschichte im 20. Jahrhundert den Naturschutz nachhaltig geprägt haben. Die Lektüre des Buches ist für die Auseinandersetzung mit dem Verhältnis von Naturschutz und Politik dringend zu empfehlen.*" (Das Historisch-Politische Buch)

Nationaler Starrsinn oder ökologisches Umdenken?
Politische Konflikte um den Schweizer Alpentransit
im ausgehenden 20. Jahrhundert
Von Markus Höschen
2007, 476 Seiten, Paperback, Euro 59,90/96,00 CHF, ISBN 978-3-89975-644-9

NEAT – Neue Eisenbahn-Alpentransversale – steht für das verkehrspolitische Umdenken zu einer ökologisch ausgerichteten Transitpolitik. In dieser Studie werden die Wechselbezüge zwischen Innen- und Außenpolitik erstmals systematisch in den Blick genommen und in einen gesamteuropäischen geschichtlichen und politischen Kontext gestellt.

Ihr Wissenschaftsverlag. Kompetent und unabhängig.

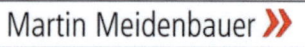

Verlagsbuchhandlung GmbH & Co. KG
Schwanthalerstr. 81 • 80336 München
Tel. (089) 20 23 86 -03 • Fax -04
info@m-verlag.net • www.m-verlag.net